城镇供水行业职业技能培训系列丛书

供水调度工考试大纲及习题集

Water Dispatching Worker: Exam Outline and Exercise

南京水务集团有限公司　主编

中国建筑工业出版社

图书在版编目（CIP）数据

供水调度工考试大纲及习题集 = Water Dispatching Worker: Exam Outline and Exercise / 南京水务集团有限公司主编. — 北京：中国建筑工业出版社，2022.4
（城镇供水行业职业技能培训系列丛书）
ISBN 978-7-112-27123-8

Ⅰ.①供… Ⅱ.①南… Ⅲ.①城市供水－调度－技术培训－考试大纲②城市供水－调度－技术培训－习题集 Ⅳ.①TU991-6

中国版本图书馆 CIP 数据核字(2022)第 033861 号

为了更好地贯彻实施《城镇供水行业职业技能标准》CJJ/T 225—2016，并进一步提高供水行业从业人员职业技能，南京水务集团有限公司主编了《城镇供水行业职业技能培训系列丛书》。本书为丛书之一，以供水调度工岗位应掌握的知识为指导，由考试大纲、习题集和模拟试卷、参考答案等内容组成。

本书可用于城镇供水行业职业技能培训教学使用，也可作为行业职业技能大赛命题的参考依据。

责任编辑：胡明安　杜　洁　李　雪　何玮珂
责任校对：关　健

城镇供水行业职业技能培训系列丛书
供水调度工考试大纲及习题集
Water Dispatching Worker: Exam Outline and Exercise
南京水务集团有限公司　主编

*

中国建筑工业出版社出版、发行（北京海淀三里河路9号）
各地新华书店、建筑书店经销
北京红光制版公司制版
北京建筑工业印刷厂印刷

*

开本：787毫米×1092毫米　1/16　印张：11¼　字数：281千字
2022年3月第一版　　2022年3月第一次印刷
定价：**38.00**元
ISBN 978-7-112-27123-8
（38949）

版权所有　翻印必究
如有印装质量问题，可寄本社图书出版中心退换
（邮政编码 100037）

《城镇供水行业职业技能培训系列丛书》编委会

主　　编：单国平
副 主 编：周克梅
审　　定：许红梅
委　　员：周卫东　周　杨　陈志平　竺稽声　戎大胜　祖振权
　　　　　臧千里　金　陵　王晓军　李晓龙　赵　冬　孙晓杰
　　　　　张荔屏　刘海燕　杨协栋　张绪婷
主编单位：南京水务集团有限公司
参编单位：江苏省城镇供水排水协会

本书编委会

主　　编：王晓军
副 主 编：吕　靖
参　　编：王　卫　赵　勇

《城镇供水行业职业技能培训系列丛书》
序　　言

　　城镇供水，是保障人民生活和社会发展必不可少的物质基础，是城镇建设的重要组成部分，而供水行业从业人员的职业技能水平又是供水安全和质量的重要保障。1996年，中国城镇供水协会组织编制了《供水行业职业技能标准》，随后又编写了配套培训丛书，对推进城镇供水行业从业人员队伍建设具有重要意义。随着我国城市化进程的加快，居民生活水平不断提升，生态环境保护要求日益提高，城镇供水行业的发展迎来新机遇、面临更大挑战，同时也对行业从业人员提出了更高的要求。我们必须坚持以人为本，不断提高行业从业人员综合素质，以推动供水行业的进步，从而使供水行业能适应整个城市化发展的进程。

　　2007年，根据原建设部修订有关工程建设标准的要求，由南京水务集团有限公司主要承担《城镇供水行业职业技能标准》的编制工作。南京水务集团有限公司，有近百年供水历史，一直秉承"优质供水、奉献社会"的企业精神，职工专业技能培训工作也坚持走在行业前端，多年来为江苏省内供水行业培养专业技术人员数千名。因在供水行业职业技能培训和鉴定方面的突出贡献，南京水务集团有限公司曾多次受省、市级表彰，并于2008年被人力资源和社会保障部评为"国家高技能人才培养示范基地"。2012年7月，由南京水务集团有限公司主编，东南大学、南京工业大学等参编的《城镇供水行业职业技能标准》完成编制，并于2016年3月23日由住房和城乡建设部正式批准为行业标准，编号为CJJ/T 225—2016，自2016年10月1日起实施。该标准的颁布，引起了行业内广泛关注，国内多家供水公司对《城镇供水行业职业技能标准》给予了高度评价，并呼吁尽快出版《城镇供水行业职业技能标准》配套培训教材。

　　为更好地贯彻实施《城镇供水行业职业技能标准》，进一步提高供水行业从业人员职业技能，自2016年12月起，南京水务集团有限公司又启动了《城镇供水行业职业技能标准》配套培训系列丛书的编写工作。考虑到培训系列教材应对整个供水行业具有适用性，中国城镇供水排水协会对编写工作提出了较为全面且具有针对性的调研建议，也多次组织专家会审，为提升培训教材的准确性和实用性提供技术指导。历经两年时间，通过广泛调查研究，认真总结实践经验，参考国内外先进技术和设备，《城镇供水行业职业技能标准》配套培训系列丛书终于顺利完成编制，即将陆续出版。

　　该系列丛书围绕《城镇供水行业职业技能标准》中全部工种的职业技能要求展开，结合我国供水行业现状、存在问题及发展趋势，以岗位知识为基础，以岗位技能为主线，坚持理论与生产实际相结合，系统阐述了各工种的专业知识和岗位技能知识，可作为全国供水行业职工岗位技能培训的指导用书，也能作为相关专业人员的参考资料。《城镇供水行业职业技能标准》配套培训教材的出版，可以填补供水行业职业技能鉴定中新工艺、新技术、新设备的应用空白，为提高供水行业从业人员综合素质提供了重要保障，必将对整个供水行业的蓬勃发展起到极大的促进作用。

中国城镇供水排水协会

2018 年 11 月 20 日

《城镇供水行业职业技能培训系列丛书》
前　言

　　城镇供水行业是城镇公用事业的有机组成部分，对提高居民生活质量、保障社会经济发展起着至关重要的作用，而从业人员的职业技能水平又是城镇供水质量和供水设施安全运行的重要保障。1996年，按照国务院和劳动部先后颁发的《中共中央关于建立社会主义市场经济体制若干规定》和《职业技能鉴定规定》有关建立职业资格标准的要求，建设部颁布了《供水行业职业技能标准》，旨在着力推进供水行业技能型人才的职业培训和资格鉴定工作。通过该标准的实施和相应培训教材的陆续出版，供水行业职业技能鉴定工作日趋完善，行业从业人员的理论知识和实践技能都得到了显著提高。随着国民经济的持续、高速发展，城镇化水平不断提高，科技发展日新月异，供水行业在净水工艺、自动化控制、水质仪表、水泵设备、管道安装及对外服务等方面都发展迅速，企业生产运营管理水平也显著提升，这就使得职业技能培训和鉴定工作逐渐滞后于整个供水行业的发展和需求。因此，为了适应新形势的发展，2007年原建设部制定了《2007年工程建设标准规范制订、修订计划（第一批）》，经有关部门推荐和行业考察，委托南京水务集团有限公司主编《城镇供水行业职业技能标准》，以替代96版《供水行业职业技能标准》。

　　2007年8月，南京水务集团精心挑选50名具备多年基层工作经验的技术骨干，并联合东南大学、南京工业大学等高校和省住建系统的14位专家学者，成立了《城镇供水行业职业技能标准》编制组。通过实地考察调研和广泛征求意见，编制组于2012年7月完成了《城镇供水行业职业技能标准》的编制，后根据住房和城乡建设部标准司、人事司及市政给水排水标准化技术委员会等的意见，进行修改完善，并于2015年10月将《城镇供水行业职业技能标准》中所涉工种与《中华人民共和国执业分类大典》（2015版）进行了协调。2016年3月23日，《城镇供水行业职业技能标准》由住房和城乡建设部正式批准为行业标准，编号为CJJ/T 225—2016，自2016年10月1日起实施。

　　《城镇供水行业职业技能标准》颁布后，引起供水行业的广泛关注，不少供水企业针对《城镇供水行业职业技能标准》的实际应用提出了问题：如何与生产实际密切结合，如何正确理解把握新工艺、新技术，如何准确应对具体计算方法的选择，如何避免因传统观念陷入故障诊断误区等。为了配合《城镇供水行业职业技能标准》在全国范围内的顺利实施，2016年12月，南京水务集团启动《城镇供水行业职业技能培训系列丛书》的编写工作。编写组在综合国内供水行业调研成果以及企业内部多年实践经验的基础上，针对目前供水行业理论和工艺、技术的发展趋势，充分考虑职业技能培训的针对性和实用性，历时两年多，完成了《城镇供水行业职业技能培训系列丛书》的编写。

　　《城镇供水行业职业技能培训系列丛书》一共包含了10个工种，除《中华人民共和国执业分类大典》（2015版）中所涉及的8个工种，即自来水生产工、化学检验员（供水）、供水泵站运行工、水表装修工、供水调度工、供水客户服务员、仪器仪表维修工（供水）、供水管道工之外，还有《中华人民共和国执业分类大典》中未涉及但在供水行业中较为重要的泵站机电设备维修工、变配电运行工 2 个工种。

《城镇供水行业职业技能培训系列丛书》在内容设计和编排上具有以下特点：（1）整体分为基础理论与基本知识、专业知识与操作技能、安全生产知识三大部分，各部分占比约为 3：6：1；（2）重点介绍国内供水行业主流工艺、技术、设备，对已经过时和应用较少的技术及设备只作简单说明；（3）重点突出岗位专业技能和实际操作，对理论知识只讲应用，不作深入推导；（4）重视信息和计算机技术在各生产岗位的应用，为智慧水务的发展奠定基础。《城镇供水行业职业技能培训系列丛书》既可作为全国供水行业职工岗位技能培训的指导用书，也能作为相关专业人员的参考资料。

《城镇供水行业职业技能培训系列丛书》在编写过程中，得到了中国城镇供水排水协会的指导和帮助，刘志琪秘书长对编写工作提出了全面且具有针对性的调研建议，也多次组织专家会审，为提升培训教材的准确性和实用性提供了技术指导；东南大学张林生教授全程指导丛书编写，对每个分册的参考资料选取、体量结构、理论深度、写作风格等提出大量宝贵的意见，并作为主要审稿人对全书进行数次详尽的审阅；中国生态城市研究院智慧水务中心高雪晴主任协助编写组广泛征集意见，提升教材适用性；深圳水务集团，广州水投集团，长沙水业集团，重庆水务集团，北京市自来水集团、太原供水集团等国内多家供水企业对编写及调研工作提供了大力支持，值此《城镇供水行业职业技能培训系列丛书》付梓之际，编写组一并在此表示最真挚的感谢！

《城镇供水行业职业技能培训系列丛书》编写组水平有限，书中难免存在错误和疏漏，恳请同行专家和广大读者批评指正。

南京水务集团有限公司
2019 年 1 月 2 日

前 言

本书是《供水调度工基础知识与专业务实》的配套用书,共由考试大纲、习题集和模拟试卷、参考答案等内容组成。

本书的内容设计和编排有以下特点:(1)考试大纲深入贯彻《城镇供水行业职业技能标准》CJJ/T 225—2016,具备行业权威性;(2)习题集对照《供水调度工基础知识与专业务实》进行编写,针对性和实用性强;(3)习题内容丰富,形式灵活多样,有利于提高学员学习兴趣;(4)习题集力求循序渐进,由浅入深,整体理论难度适中,重点突出实践,方便教学安排和学员理解掌握。

本书可用于城镇供水行业职业技能培训教学使用,也可作为行业职业技能大赛命题的参考依据和供水从业人员学习的参考资料。

本书在编写过程中,得到了多位同行专家和高校老师的热情帮助和支持,特此致谢!由于编者水平有限,不妥与错漏之处在所难免,恳请读者批评指正。

供水调度工编写组
2021 年 12 月

目 录

第一部分 考试大纲 ·· 1
    职业技能五级供水调度工考试大纲 ··· 3
    职业技能四级供水调度工考试大纲 ··· 4
    职业技能三级供水调度工考试大纲 ··· 5

第二部分 习题集 ··· 7
    第1章 水力学基础理论 ·· 9
    第2章 水质标准与水质分析 ··· 12
    第3章 给水工程基础知识 ·· 25
    第4章 泵与泵站 ··· 34
    第5章 电气专业基础知识 ·· 38
    第6章 计算机应用知识 ··· 44
    第7章 可编程控制器的应用 ··· 46
    第8章 供水调度专业知识 ·· 50
    第9章 科学调度技术应用 ·· 87
    第10章 安全生产 ·· 93
    供水调度工（五级 初级工）理论知识试卷 ······························· 98
    供水调度工（四级 中级工）理论知识试卷 ······························· 107
    供水调度工（三级 高级工）理论知识试卷 ······························· 116
    供水调度工（五级 初级工）操作技能试题 ······························· 125
    供水调度工（四级 中级工）操作技能试题 ······························· 129
    供水调度工（三级 高级工）操作技能试题 ······························· 133

第三部分 参考答案 ··· 139
    第1章 水力学基础理论 ·· 141
    第2章 水质标准与水质分析 ··· 142
    第3章 给水工程基础知识 ·· 144
    第4章 泵与泵站 ··· 147
    第5章 电气专业基础知识 ·· 149
    第6章 计算机应用知识 ··· 151
    第7章 可编程控制器的应用 ··· 152
    第8章 供水调度专业知识 ·· 154

第9章　科学调度技术应用 ……………………………………………………… 161

第10章　安全生产 …………………………………………………………………… 166

供水调度工（五级　初级工）理论知识试卷参考答案 …………………………… 168

供水调度工（四级　中级工）理论知识试卷参考答案 …………………………… 169

供水调度工（三级　高级工）理论知识试卷参考答案 …………………………… 170

第一部分 考试大纲

职业技能五级供水调度工考试大纲

1. 掌握工器具的安全使用方法
2. 熟悉防护用品的功用
3. 了解安全生产基本法律法规
4. 掌握一定的给水专业基础知识
5. 熟悉给水专业相关的电气专业基础知识
6. 掌握调度工作的基本原理
7. 熟悉本岗位的规范、规程及调度原则
8. 熟悉本供水区域内供、配水管网系统的布局、结构及设备的相关技术参数
9. 熟悉本供水区域供、用水的基本规律
10. 熟悉常用设备的使用方法及操作规程
11. 能初步掌握调度工作中的质量控制要求、相关生产管理知识
12. 掌握计算机基础知识
13. 能从事一般调度工作并能根据调度方案、作业计划书等准确下达指令
14. 能初步调整供、配水设施运行方案
15. 能初步对调度指令的执行结果进行检查
16. 能初步掌握系统运行状况及设备状况
17. 能提出水、电系统中一般故障的初步处理意见
18. 能正确完整的填写有关调度记录、数据,并进行核算
19. 能正确操作本岗位使用的调度装备
20. 能初步审查一般故障检修申请

职业技能四级供水调度工考试大纲

1. 掌握本工种安全操作规程
2. 熟悉安全生产基本常识及常见安全生产防护用品的功用
3. 了解安全生产基本法律法规
4. 掌握较系统的给水专业基础知识
5. 熟悉给水专业相关的电气专业基础知识
6. 掌握调度工作的基本原理
7. 熟悉本岗位的规范、规程及调度原则
8. 熟悉本供水区域内供、配水管网系统的布局、结构及设备的相关技术参数
9. 掌握本供水区域供、用水的基本规律和参数
10. 熟悉常用设备的使用方法及操作规程
11. 掌握调度工作中的质量目标控制要求、相关生产管理知识
12. 掌握计算机基础知识
13. 能独立从事一般调度工作并能根据调度方案、作业计划书等准确下达指令
14. 能够初步合理地调整供、配水设施运行方案
15. 能初步掌握系统运行状况及设备状况
16. 能及时正确判断、处理水、电系统中的一般故障
17. 能根据有关调度记录、数据，初步分析和判断运行工况
18. 能初步掌握各水厂与水库、加压站之间的调配关系
19. 能初步分析、总结水、电系统最佳运行规律，并在指导下进行优化调度
20. 能初步组织有关人员协同作业
21. 能熟练操作本岗位使用的调度装备
22. 能审批一般故障检修申请

职业技能三级供水调度工考试大纲

1. 掌握本工种安全操作规程及安全施工措施
2. 熟悉安全生产基本常识及常见安全生产防护用品的功用
3. 了解安全生产基本法律法规
4. 熟练掌握给水专业基础知识
5. 掌握给水专业相关的电气专业基础知识
6. 熟练掌握调度工作的基本原理
7. 掌握本岗位的规范、规程及调度原则
8. 熟练掌握本供水区域内供、配水管网系统的布局、结构及设备的相关技术参数
9. 熟练掌握本供水区域供、用水的基本规律和参数
10. 掌握常用设备的使用方法及操作规程
11. 熟练掌握调度工作中的质量控制要求、相关生产管理知识
12. 较全面掌握计算机基础知识
13. 能主持调度室的日常管理工作，根据有关调度记录、数据，正确分析和判断运行工况
14. 能掌握取、净、配水工艺中各环节的运行工况参数及调整方法
15. 能掌握各水厂与水库、加压站之间的调配关系
16. 能及时正确处理水、电系统中各种突发故障
17. 能对调度指令的执行结果进行检查
18. 能对系统水量、水质、水压、三耗（电耗、矾耗、氯耗）等生产指标进行考查
19. 能分析、总结水、电系统最佳运行规律，并能进行优化调度；
20. 能指导本职业初、中级工进行实际操作，讲授本专业技术理论知识
21. 能在本职工作中认真贯彻各项质量标准，应用质量管理知识，初步开展操作过程的质量分析控制
22. 能组织有关人员协同作业，能初步协助部门领导进行生产计划、调度及人员管理
23. 能在调度工作中认真贯彻各项安全管理制度，能初步运用安全管理知识在调度过程中初步进行安全分析控制
24. 能合理审批各种突发故障检修申请

第二部分 习题集

第1章 水力学基础理论

一、单选题

1. 静水压强是随水深的增加而（　　）。
   A 增加　　　　B 减小　　　　C 不变　　　　D 不确

2. 相对压强是以（　　）为零点计量的压强值。
   A 完全真空　　B 当地大气压　　C 标准大气压　　D 工程大气压

3. 若 A 为过水断面面积，Q 为通过此过水断面的流量，$v=Q/A$，则 v 称为（　　）。
   A 断面流速　　　　　　　　　B 断面瞬时流速
   C 断面平均流速　　　　　　　D 断面累计流速

4. 恒定流连续性方程式是（　　）守恒原理的水力学表达式。
   A 质量　　　　B 能量　　　　C 动量　　　　D 受力

5. 恒定流能量方程式是（　　）守恒原理的水力学表达式。
   A 流速　　　　B 质量　　　　C 能量　　　　D 动量

6. 液体的流动有两种形态，分别是（　　）。
   A 恒定流和非恒定流　　　　　B 均匀流和非均匀流
   C 层流和紊流　　　　　　　　D 渐变流和急变流

7. 水流沿着一定的路线前进，在流动过程中，上下层各部分水流互不相混，这种流动形态叫作（　　）。
   A 层流　　　　B 恒定流　　　　C 渐变流　　　　D 紊流

8. 根据边界条件的不同，把水头损失分为沿程水头损失和（　　）。
   A 恒定水头损失　　　　　　　B 边界水头损失
   C 局部水头损失　　　　　　　D 摩擦水头损失

9. 若 P 为静止液体内某点的压强，P_0 为液面压强，γ 为水的重力密度，h 为液面到该点的距离，则静水压强基本方程式为（　　）。
   A $P=P_0+\gamma h$　　B $P=P_0-\gamma h$　　C $P=P_0\times\gamma h$　　D $P=P_0/\gamma h$

10. 静止液体中某一点的静水压强（　　）并指向受压面。
    A 平行　　　　B 垂直　　　　C 倾斜　　　　D 不确定

11. 绝对压强是以（　　）为零点计量的压强值。
    A 完全真空　　B 当地大气压　　C 标准大气压　　D 相对压强

12. （　　）又称为表压强。
    A 相对压强　　B 绝对压强　　C 真空压强　　D 负压强

13. 若 A 为过水断面面积，Q 为通过此过水断面的流量，则断面平均流速 v 计算公式为（　　）。

A　$v=QA$　　　　B　$v=Q/A$　　　　C　$v=A/Q$　　　　D　以上都不对

14. 若 A_1、A_2 为过水断面面积，v_1、v_2 为相应的断面平均流速，则恒定流连续性方程的表达式为(　　)。

A　$v_1 A_2 = v_2 A_1$　　B　$v_1 A_1 = v_2 A_2$　　C　$v_1/A_1 = v_2/A_2$　　D　以上都不对

15. 若 z_1、z_2 为过水断面位能，p_1/γ、p_2/γ 为相应断面的压能，$v_1^2/2g$、$v_2^2/2g$ 为相应断面的动能，则理想液体恒定流能量方程的表达式为(　　)。

A　$z_1 + z_2 = p_1/\gamma + p_2/\gamma = v_1^2/2g + v_2^2/2g$

B　$z_1 + z_2 + p_1/\gamma + p_2/\gamma = v_1^2/2g + v_2^2/2g$

C　$z_1 + z_2 = p_1/\gamma + p_2/\gamma + v_1^2/2g + v_2^2/2g$

D　$z_1 + p_1/\gamma + v_1^2/2g = z_2 + p_2/\gamma + v_2^2/2g$

16. 若液体流速为 v，管径为 d，液体运动黏滞系数为 ν 的比值，则雷诺数的计算公式为(　　)。

A　vd/ν　　　　B　$vd\nu$　　　　C　$v/d\nu$　　　　D　$1/vd\nu$

17. 根据圆管沿程水头损失计算公式可知，(　　)与沿程水头损失成反比。

A　沿程阻力系数　　　　　　　B　管长
C　管径　　　　　　　　　　　D　断面平均流速

18. 根据圆管局部水头损失计算公式可知，(　　)与局部水头损失成正比。

A　管长　　　　　　　　　　　B　管径
C　管长和管径　　　　　　　　D　断面平均流速

19. 静水压强的特性描述正确的是(　　)。

A　静止液体中某一点的静水压强方向平行于受压面
B　静止液体中某一点的静水压强方向与受压面不垂直
C　静止液体中任何一点上各个方向的静水压强大小不一定相等
D　静止液体中某一点的静水压强大小与作用面的方位无关

20. (　　)不是恒定流能量方程的运用条件。

A　液体恒定流动
B　作用在液体上的质量力只有重力
C　液体不可压缩
D　建立能量方程的两个过水断面不能存在急变流

21. 实际液体的恒定流能量方程表达式 $z_1 + p_1/\gamma + v_1^2/2g = z_2 + p_2/\gamma + v_2^2/2g + h_l$ 中，h_l 为(　　)。

A　总水头　　　　　　　　　　B　总水头损失
C　沿程水头损失　　　　　　　D　局部水头损失

22. 若 λ 为沿程阻力系数，l 为管长，D 为管径，v 为断面平均流速，g 为重力加速度，则圆管沿程水头损失 h_f 的计算公式为(　　)。

A　$h_f = \lambda l D v^2/2g$　　　　　　B　$h_f = \lambda D v^2/2lg$
C　$h_f = \lambda l v^2/2Dg$　　　　　　D　$h_f = \lambda v^2/2lDg$

23. 若 ζ 为局部阻力系数，v 为断面平均流速，g 为重力加速度，则局部水头损失 h_f 的计算公式为(　　)。

A　$h_f=\zeta v^2/2g$　　　B　$h_f=v^2/2\zeta g$　　　C　$h_f=\zeta/2v^2 g$　　　D　$h_f=1/2\zeta v^2 g$

二、多选题

1. 静水压强基本方程式 $P=P_0+\gamma h$ 中的各符号含义正确的有（　　）。

A　P 为静止液体内某点的压强　　　　B　P_0 为液面压强
C　γ 为水的密度　　　　　　　　　　D　γ 为水的重力密度
E　h 为液面到该点的距离

2. 连续性方程的运用条件有（　　）。

A　水流必须是连续的，中间没有空隙
B　水流必须是不可压缩的（水锤现象除外）
C　水流必须是恒定流，非恒定流不能用
D　水流可以是恒定流，也可以是非恒定流
E　作用在水流上的质量力只有重力

3. 防止水锤危害的措施有（　　）。

A　限制管中流速　　　　　　　　　　B　控制阀门关闭或开启时间
C　缩短管道长度　　　　　　　　　　D　采用弹性模量较大的管道
E　设置安全阀或减压设施

三、判断题

（　　）1. 静止液体中任何一点上各个方向的静水压强大小均相等，或者说其大小与作用面的方位无关。

（　　）2. 金属压力表一般用于测量较大压强。

（　　）3. 一般情况下流线不相交，流线也不能是折线。

（　　）4. 有压管流中，由于诸如阀门突然启闭或水泵机组突然停机等某种原因使水流速度发生突然变化，同时引起管内压强大幅度波动的现象，称为水锤。

（　　）5. 在恒定流中，流线不随时间变化，与迹线重合。

（　　）6. 对于圆管满流，实际流动液体的雷诺数 $Re>2300$，流态为层流。

（　　）7. 从静水压强基本方程式可以看出：重力作用下静止液体中的等压面都是水平面。

四、问答题

1. 简述静水压强的特性。
2. 简述绝对压强与相对压强的定义。
3. 写出雷诺数的计算公式及式中各符号的含义。
4. 试述恒定流连续性方程的表达式及其运用条件。
5. 试述防止水锤危害的措施。

第 2 章　水质标准与水质分析

一、单选题

1．《地表水环境质量标准》GB 3838—2002 将标准项目分为：地表水环境质量标准（　　）、集中式生活饮用水地表水源地补充项目、集中式生活饮用水地表水源地特定项目。
　　A　基本项目　　　B　规范项目　　　C　附加项目　　　D　指定项目

2．《地表水环境质量标准》GB 3838—2002 依据地表水水域（　　）划分为五类功能区。
　　A　环境功能　　　　　　　　B　保护目标
　　C　环境功能和保护目标　　　D　地理位置

3．《地表水环境质量标准》GB 3838—2002 中规定水温的标准限值为人为造成的环境水温变化应限制在周平均最大温升（　　）。
　　A　≤1℃　　　B　≤2℃　　　C　≤3℃　　　D　≤4℃

4．《地表水环境质量标准》GB 3838—2002 中规定Ⅲ类水的溶解氧标准限值为（　　）。
　　A　≥6mg/L　　　B　≥5mg/L　　　C　≥3mg/L　　　D　≥2mg/L

5．《地下水质量标准》GB/T 14848—2017 依据我国地下水（　　），参照生活饮用水、工业、农业等用水质量要求，分为五类。
　　A　质量状况　　　　　　　　B　人体健康风险
　　C　质量状况和人体健康风险　　D　地理位置

6．《地下水质量标准》GB/T 14848—2017 中规定（　　）有嗅和味。
　　A　Ⅱ类水　　　B　Ⅲ类水　　　C　Ⅳ类水　　　D　Ⅴ类

7．《地下水质量标准》GB/T 14848—2017 中规定（　　）有肉眼可见物。
　　A　Ⅱ类水　　　B　Ⅲ类水　　　C　Ⅳ类水　　　D　Ⅴ类

8．《生活饮用水卫生标准》GB 5749—2006 于（　　）年 7 月 1 日起全面实施。
　　A　2005　　　B　2006　　　C　2007　　　D　2008

9．生活饮用水水质的基本要求中规定生活饮用水中不得含有（　　）。
　　A　化学物质　　　B　放射性物质　　　C　微生物　　　D　病原微生物

10．《生活饮用水卫生标准》GB 5749—2006 中把水质指标分为微生物指标等（　　）类。
　　A　3　　　B　4　　　C　5　　　D　6

11．《生活饮用水卫生标准》GB 5749—2006 中规定浑浊度的标准限值为（　　）。
　　A　0.2NTU　　　B　0.5NTU　　　C　1NTU　　　D　3NTU

12. 《生活饮用水卫生标准》GB 5749—2006 中规定氯气及游离氯制剂的出厂水中余量( )。
   A ≥0.3mg/L   B ≥0.5mg/L   C ≥0.8mg/L   D ≥1.0mg/L
13. 目前全世界具有国际权威性、代表性的饮用水水质标准有世界卫生组织（WHO）的( )。
   A 《饮用水水质准则》   B 《饮用水水质指令》
   C 《饮用水水质标准》   D 《饮用水卫生标准》
14. 目前全世界具有国际权威性、代表性的饮用水水质标准有欧盟的( )。
   A 《饮用水水质准则》   B 《饮用水水质指令》
   C 《饮用水水质标准》   D 《饮用水卫生标准》
15. 以下( )不是采样前应制定的采样计划。
   A 采样目的   B 采样方法
   C 采样人员   D 采样容器与清洗
16. 二次供水的采集应包括水箱或泵的( )处。
   A 进水   B 出水   C 进水及出水   D 进水或出水
17. 以下( )不是水样的常见保存方法。
   A 冷藏法或冷冻法   B 沉淀法
   C 调节 pH 值   D 加入氧化剂或还原剂
18. 需要( )的样品，应配备专门的隔热容器，并放入制冷剂。
   A 保温   B 恒温   C 冷藏   D 避光
19. 以下( )不是水样的前处理的目的。
   A 减缓物理挥发和化学反应的速度
   B 消除共存物质的干扰
   C 将被测物质转化为可以进行测定的状态
   D 当水中被测组分含量过低时，需富集浓缩后测定
20. 以下( )不是水样的前处理的方法。
   A 过滤   B 加热   C 混凝沉淀   D 氧化还原
21. 以下( )不是水质检验的一般操作。
   A 称量操作   B 移液操作   C 定容操作   D 定量操作
22. 滴定管用于准确计量自滴定管内流出溶液的( )。
   A 质量   B 体积   C 密度   D 重量
23. 滴定分析以测量试液的体积为基础，又被称为( )。
   A 容量分析法 B 体积分析法 C 质量分析法   D 重量分析法
24. 滴定分析法中能够通过( )突变指示化学计量点到达的辅助试剂称为指示剂。
   A 质量   B 密度   C 气味   D 颜色
25. 酸碱滴定法是利用酸和碱的( )反应的一种滴定分析方法。
   A 中和   B 配位   C 氧化还原   D 沉淀
26. 沉淀滴定法是基于( )反应的分析方法。
   A 中和   B 配位   C 氧化还原   D 沉淀

27. 沉淀反应是两种物质在溶液中反应生成溶解度（　　）的难溶电解质，以沉淀的形式析出。
　　A　很大　　　　　B　很小　　　　　C　适中　　　　　D　不确定
28. EDTA是在水质检测实验中最常用的（　　）。
　　A　金属配位剂　　　　　　　　　　B　酸碱配位剂
　　C　氧化还原配位剂　　　　　　　　D　氨羧配位剂
29. 在反应中得到电子的物质，称为（　　）。
　　A　氧化剂　　　　B　还原剂　　　　C　氧化还原剂　　　D　以上都不对
30. 以下（　　）不属于重量分析法。
　　A　沉淀法　　　　B　汽化法　　　　C　电解法　　　　D　称量法
31. 比色分析方法是利用被测组分在一定条件下与试剂作用产生有色化合物，然后测量（　　）并与标准溶液相比较，从而测定组分含量的分析方法。
　　A　有色溶液的质量　　　　　　　　B　有色溶液的含量
　　C　有色溶液的密度　　　　　　　　D　有色溶液的深浅
32. 电化学分析法是应用（　　）和实验技术建立的一类分析方法的总称。
　　A　电化学原理　　B　光化学原理　　C　热化学原理　　D　力化学原理
33. 《水的混凝、沉淀试杯试验方法》GB/T 16881—2008适用于确定水的（　　）过程的工艺参数。
　　A　混凝沉淀　　　B　混凝过滤　　　C　沉淀过滤　　　D　过滤消毒
34. 常用的需氯量试验方法有碘量法和（　　）。
　　A　沉淀法　　　　B　滴定法　　　　C　比色法　　　　D　中和法
35. 比色法需氯量试验是在水样中加入较多的氯量，氯和耗氯物质作用，消耗一部分氯量，经一定接触时间后测定水样中的（　　）。
　　A　总氯量　　　　　　　　　　　　B　总余氯
　　C　耗氯量　　　　　　　　　　　　D　耗氯物质的量
36. 《水处理用滤料》CJ/T 43—2005规定筛分试验中，试验筛是按筛孔（　　）的顺序从上到下套在一起的。
　　A　由大到小　　　B　由小到大　　　C　均匀分布　　　D　随机排列
37. 《水处理用滤料》CJ/T 43—2005规定：含泥量试验最后是将（　　）一并干燥至恒量。
　　A　筛上截留的颗粒　　　　　　　　B　筒中洗净的样品
　　C　筛上截留的颗粒和筒中洗净的样品　D　筛上截留的颗粒或筒中洗净的样品
38. 《地表水环境质量标准》GB 3838—2002依据地表水水域环境功能和保护目标划分为（　　）类功能区。
　　A　3　　　　　　　B　4　　　　　　　C　5　　　　　　　D　6
39. 《地表水环境质量标准》GB 3838—2002中规定水温的标准限值为人为造成的环境水温变化应限制在周平均最大温降（　　）。
　　A　≤1℃　　　　　B　≤2℃　　　　　C　≤3℃　　　　　D　≤4℃
40. 《地表水环境质量标准》GB 3838—2002中规定Ⅲ类水的氨氮标准限值为（　　）。

A ≤0.15mg/L　　　B ≤0.5mg/L　　　C ≤1.0mg/L　　　D ≤1.5mg/L

41.《地下水质量标准》GB/T 14848—2017 依据我国地下水质量状况和人体健康风险，参照生活饮用水、工业、农业等用水质量要求，分为（　　）类。
A 3　　　　　　B 4　　　　　　C 5　　　　　　D 6

42.《地下水质量标准》GB/T 14848—2017 中规定Ⅲ类水的浑浊度标准值为（　　）。
A ≤1NTU　　　B ≤3NTU　　　C ≤5NTU　　　D ≤10NTU

43.《地下水质量标准》GB/T 14848—2017 中规定Ⅲ类水的色度标准值为（　　）。
A ≤1度　　　　B ≤5度　　　　C ≤10度　　　D ≤15度

44.《生活饮用水卫生标准》GB 5749—2006 中规定的水质指标有（　　）项。
A 105　　　　　B 106　　　　　C 107　　　　　D 108

45.《生活饮用水卫生标准》GB 5749—2006 中，水质指标分为微生物指标、毒理指标、（　　）、放射性指标 4 类。
A 感官性状和常规化学指标　　　　B 感官性状和非常规化学指标
C 感官性状和一般化学指标　　　　D 感官性状和特殊化学指标

46.《生活饮用水卫生标准》GB 5749—2006 中，水质指标又分为常规和（　　）两大类。
A 非常规　　　B 特殊　　　　C 标准　　　　D 重要

47.《生活饮用水卫生标准》GB 5749—2006 中规定色度的标准限值为（　　）。
A 5度　　　　　B 10度　　　　C 15度　　　　D 20度

48.《生活饮用水卫生标准》GB 5749—2006 中规定 pH 值的标准限值为（　　）。
A 不小于 6.0 且不大于 8.5　　　　B 不小于 6.5 且不大于 8.5
C 不小于 6.0 且不大于 8.0　　　　D 不小于 6.5 且不大于 8.0

49. 水样从采集到送达实验室检测需一定的时间，在这段时间内水样会发生不同程度的变化，以下（　　）不是水样变质的原因。
A 生物因素　　B 化学因素　　C 物理因素　　D 人为因素

50. 水样的采集的注意事项有（　　）。
① 采样前，应对采样器或水龙头进行消毒，龙头水需放水 30 秒；
② 测定微生物指标的容器需刷洗，并注意避免手指和其他物品对瓶口的沾污；
③ 采集测定油类的水样时，应在水面至水面下 300mm 处采集柱状水样，全部用于测定；
④ 采集测定溶解氧、生化需氧量和有机污染物的水样时应注满容器，上部不留空间并水封
A ①②③　　　B ①③④　　　C ②③④　　　D ①②③④

51. 滴定终点读数时，视线与弯月面的（　　）水平线相切。
A 最高点　　　B 最低点　　　C 中间点　　　D 任一点

52. 滴定法是将一种已知准确浓度的试液通过滴定管滴加到被测物质的溶液中，直到所加的试剂溶液与被测物质的反应达到（　　）。
A 化学临界点　　B 化学反应点　　C 化学计量点　　D 化学终点

53. 滴定过程中当观察到指示剂的颜色发生突变而终止滴定时，称为（　　）。

A 指示起点　　　　B 指示终点　　　　C 滴定起点　　　　D 滴定终点

54. 滴定分析法中能够通过颜色突变指示化学计量点到达的辅助试剂称为（　　）。

A 滴定剂　　　　B 滴定溶液　　　　C 被测溶液　　　　D 指示剂

55. 指示剂明显地由一种颜色到另一种颜色改变的pH值范围，称为指示剂的（　　）。

A 指示范围　　　B pH值范围　　　　C 变色范围　　　　D 以上都不对

56. 在饱和溶液中，难溶电解质的离子浓度的乘积，当温度一定时是一常数，这个常数称之为（　　）。

A 溶度和　　　　B 溶度积　　　　　C 浓度和　　　　　D 浓度积

57. 水质检测中，配位滴定法主要分为（　　）。

A 一般测定法和特殊测定法　　　　B 简单测定法和复杂测定法
C 直接测定法和间接测定法　　　　D 标准测定法和特殊测定法

58. 以下（　　）不是EDTA配位滴定中常见的指示剂。

A 金属指示剂　　　　　　　　　　B 酸碱指示剂
C 氧化还原指示剂　　　　　　　　D 沉淀指示剂

59. 氧化还原滴定法，是利用（　　）反应的滴定方法，可以用于测定各种变价元素和化合物的含量。

A 氧化还原　　　B 氧化还原　　　　C 氧化还原　　　　D 氧化或还原

60. 以下（　　）不属于氧化还原滴定法。

A 高锰酸钾法　　B 重铬酸钾法　　　C 碘量法　　　　　D EDTA法

61. 重量分析法是用适当的方式将试样中的待测组分与其他组分分离，最后用（　　）的方法测定该组分含量的定量分析方法。

A 滴定　　　　　B 比色　　　　　　C 称量　　　　　　D 化学

62. 分光光度计主要由（　　）构成。
①光源；②分光系统；③测量池；④信号接收器；⑤记录器

A ①②③④　　　B ①②④⑤　　　　C ①②③⑤　　　　D ①②③④⑤

63. 电位分析法是通过测量指示电极与参比电极间的（　　）而测定溶液中某组分含量的方法。

A 电流差　　　　B 电位差　　　　　C 电阻差　　　　　D 浓度差

64.《水的混凝、沉淀试杯试验方法》GB/T 16881—2008中规定：快速搅拌转速和时间分别为（　　）。

A 40r/min，30～60s　　　　　　　B 120r/min，60～120s
C 40r/min，60～120s　　　　　　 D 120r/min，30～60s

65.《水的混凝、沉淀试杯试验方法》GB/T 16881—2008中规定：慢速搅拌转速和搅拌时间分别为（　　）。

A 20～40r/min，5～20min　　　　 B 80～120r/min，5～20min
C 20～40r/min，30～60min　　　　D 80～120r/min，30～60min

66.《水处理用滤料》CJ/T 43—2005规定筛分试验以每分钟内通过筛的样品质量小于样品的总质量的（　　），作为筛分终点。

A 0.1%　　　　　B 0.5%　　　　　　C 1.0%　　　　　　D 2.0%

67. 《水处理用滤料》CJ/T 43—2005 规定：若 G 是淘洗前样品的质量，G_1 是淘洗后样品的质量，则含泥量是（ ）。
    A $(G-G_1)/G$ B $(G-G_1)/G_1$ C $(G_1-G)/G$ D $(G_1-G)/G_1$

68. 《地表水环境质量标准》GB 3838—2002 中规定Ⅲ类水主要用于（ ）。
    A 集中式生活饮用水地表水源地二级保护区
    B 珍稀水生生物栖息地
    C 鱼虾类产场
    D 仔稚幼鱼的索饵场

69. 《地表水环境质量标准》GB 3838—2002 中规定Ⅲ类水的 COD 标准限值为（ ）。
    A ≤15mg/L   B ≤20mg/L   C ≤30mg/L   D ≤40mg/L

70. 《地表水环境质量标准》GB 3838—2002 中规定Ⅲ类水的粪大肠菌群标准限值为（ ）。
    A ≤2000个/L   B ≤10000个/L   C ≤20000个/L   D ≤40000个/L

71. 《地下水质量标准》GB/T 14848—2017 中规定Ⅴ类水不宜作为（ ）水源。
    A 任何用途   B 工业用水   C 农业用水   D 生活饮用水

72. 《地下水质量标准》GB/T 14848—2017 中规定Ⅲ类水的总硬度（以 $CaCO_3$，计）标准值为（ ）。
    A ≤150mg/L   B ≤300mg/L   C ≤450mg/L   D ≤650mg/L

73. 《地下水质量标准》GB/T 14848—2017 中规定Ⅲ类水的总大肠菌群标准值为（ ）。
    A ≤1个/L   B ≤3个/L   C ≤10个/L   D ≤100个/L

74. 现行标准与《生活饮用水卫生标准》GB 5749—1985 相比，饮用水消毒剂指标由（ ）。
    A 1项增至4项   B 2项增至4项
    C 1项增至5项   D 2项增至5项

75. 现行标准与《生活饮用水卫生标准》GB 5749—1985 相比，感官性状和一般理化指标由（ ）。
    A 10项增至20项   B 15项增至20项
    C 10项增至25项   D 10项增至25项

76. 水质指标又分为（ ）两大类。
    A 常规和非常规   B 重要和非重要
    C 指定和非指定   D 标准和非标准

77. 《生活饮用水卫生标准》GB 5749—2006 中规定氯气及游离氯制剂的出厂水中限值为（ ）。
    A 1mg/L   B 2mg/L   C 3mg/L   D 4mg/L

78. 关于源水水样的采集叙述正确的是（ ）。
    ① 表层水：在河流、湖泊可以直接汲水的场合，可用水桶采样；
    ② 一定深度的水：在湖泊、水库等地采集具有一定深度的水时，可用直立式采样器；

③ 泉水和井水：对于直喷或不自喷的泉水可在涌口处直接采样

A ①②　　　　B ②③　　　　C ①③　　　　D ①②③

79. 关于水样保存的化学试剂保存法叙述正确的是（　　）。

① 加入生物抑制剂，包括抑菌剂和抑真菌剂；

② 调节 pH 值，如测定金属离子的水样常用硝酸酸化至 pH 值介于 6～7 之间；

③ 加入氧化剂或还原剂，如测定溶解氧的水样需加入少量硫酸锰和碱性碘化钾固定溶解氧

A ①②　　　　B ②③　　　　C ①③　　　　D ①②③

80. 关于容量瓶使用注意事项正确的是（　　）。

① 使用前应进行校准，校准合格方可使用；

② 易溶解且不发热的物质可直接转入容量瓶中溶解；

③ 用于洗涤玻璃棒、烧杯的溶剂应全部移入容量瓶内并注意移入后不得超过容量瓶的标线；

④ 容量瓶可用于配制溶液，也可长时间储存溶液

A ①②③　　　B ①②④　　　C ②③④　　　D ①②③④

81. 关于滴定管使用前的准备叙述正确的是（　　）。

① 滴定管使用前必须洗涤，洗涤时以不损伤内壁为原则；

② 滴定管洗净后，先检查旋塞转动是否灵活，是否漏水；

③ 滴定管在使用前须用操作溶液润洗三次；

④ 放出溶液后需等待一至二分钟后读初数

A ①②③　　　B ①②④　　　C ②③④　　　D ①②③④

82. 滴定过程中当观察到（　　）的颜色发生突变而终止滴定时，称为滴定终点。

A 滴定剂　　　B 滴定溶液　　C 被测溶液　　D 指示剂

83. 为了确定化学计量点的到达，常在滴定体系中加入指示剂，借助其颜色的突变指示（　　）的到达。

A 物理计量点　B 化学计量点　C 滴定计量点　D 反应计量点

84. 指示剂用量越少，终点越（　　）。

A 明显　　　　B 不明显　　　C 准确　　　　D 不准确

85. 当溶液中某难溶电解质的离子浓度乘积如果（　　）其溶度积值时，就能生成沉淀。

A 大于　　　　B 小于　　　　C 等于　　　　D 不确定

86. 以下（　　）不是重铬酸钾法的优缺点。

A 容易提纯　　　　　　　　　B 溶液稳定容易保存

C 氧化性比高锰酸钾稍高　　　D 不适合直接滴定

87. 利用高锰酸钾法时，可用直接法测定再还原性物质，也可以加入（　　）用返滴定法。

A 过量的标准高锰酸钾溶液

B 过量的还原剂标准溶液

C 过量的标准高锰酸钾溶液和过量的还原剂标准溶液

D 过量的标准高锰酸钾溶液或过量的还原剂标准溶液

88. 与滴定分析法相比,以下( )不是重量分析法具有的特点。
A 不需要与基准试剂或标准物质进行比较
B 获得结果的途径更为直接
C 准确度高
D 对于常量组分测定的相对误差一般不超过±1%

89. 在水质分析中,各种溶液会显示各种不同的颜色,是由于溶液中的物质对光的( )具有选择性。
A 反射　　　　　B 折射　　　　　C 透射　　　　　D 吸收

90. 根据滴定过程中滴定液电导的突变来确定终点的方法称为( )。
A 直接电导法　　B 间接电导法　　C 电导滴定法　　D 电导分析法

91. 在水质分析中,用( )测量水的电导率。
A 直接电导法　　B 间接电导法　　C 电导滴定法　　D 电导分析法

92. 《水的混凝、沉淀试杯试验方法》GB/T 16881—2008 中规定:搅拌机桨片与烧杯壁之间至少要有( )的间隙。
A 3.4mm　　　　B 4.4mm　　　　C 5.4mm　　　　D 6.4mm

93. 《水的混凝、沉淀试杯试验方法》GB/T 16881—2008 中规定:搅拌机桨片放入水中,桨片的轴要( )烧杯中心。
A 对中　　　　　B 垂直　　　　　C 偏离　　　　　D 倾斜

94. 《水处理用滤料》CJ/T 43—2005 规定含泥量试验中,把滤料搅拌浸泡淘洗后的浑水慢慢倒入孔径为( )的筛中。
A 0.01mm　　　 B 0.05mm　　　 C 0.08mm　　　 D 0.10mm

二、多选题

1. 《地表水环境质量标准》GB 3838—2002 中规定Ⅱ类水主要用于( )。
A 集中式生活饮用水地表水源地一级保护区
B 集中式生活饮用水地表水源地二级保护区
C 珍稀水生生物栖息地
D 鱼虾类越冬场
E 仔稚幼鱼的索饵场

2. 《地表水环境质量标准》GB 3838—2002 中规定水温的标准限值为人为造成的环境水温变化应限制在( )。
A 周平均最大温升≤1℃
B 周平均最大温升≤2℃
C 周平均最大温降≤1℃
D 周平均最大温降≤2℃
E 周平均最大温降≤3℃

3. 《地下水质量标准》GB/T 14848—2017 中规定( )适用于各种用途。
A Ⅰ类水　　　　　　　　　　　　　B Ⅱ类水

C Ⅲ类水 D Ⅳ类水

E Ⅴ类

4.《地下水质量标准》GB/T 14848—2017中规定( )的浑浊度标准值为≤3NTU。

A Ⅰ类水 B Ⅱ类水

C Ⅲ类水 D Ⅳ类水

E Ⅴ类

5. 生活饮用水水质应符合下列( )基本要求。

A 生活饮用水中不得含有病原微生物

B 生活饮用水中化学物质不得危害人体健康

C 生活饮用水中不得含有放射性物质

D 生活饮用水的感官性状良好

E 生活饮用水应经消毒处理

6.《生活饮用水卫生标准》GB 5749—2006中，水质指标分为( )。

A 微生物指标 B 毒理指标

C 化学指标 D 感官性状和一般化学指标

E 放射性指标

7.《生活饮用水卫生标准》GB 5749—2006的水质常规指标中规定不得检出的微生物指标为( )。

A 总大肠菌群 B 耐热大肠菌群

C 大肠埃希氏菌 D 菌落总数

E 贾第鞭毛虫

8. 关于采样容器的选用原则正确的是( )。

A 对无机物、金属离子、放射性元素的测定应选用玻璃容器

B 对有机物和微生物指标的测定应使用玻璃容器

C 温度高、压力大的样品应选用不锈钢容器

D 光敏性物质应选用棕色或深色容器

E 热敏物质应选用热吸收玻璃容器

9. 关于递减称量法操作注意事项正确的是( )。

A 一次倾出的样品质量不够可再倒、再称，但次数不能太多

B 如称出的样品超出要求值，只能弃去重称

C 如称出的样品超出要求值，可将样品再放回称量瓶中

D 盛有试样的称量瓶可放在表面皿、秤盘上

E 沾在瓶口上的试样应尽量处理干净

10. 滴定分析法是按其利用化学反应的不同可以分为( )。

A 酸碱滴定法 B 配位滴定法

C 氧化还原滴定法 D 沉淀滴定法

E 置换滴定法

11. 甲基橙指示剂的颜色变化正确的是( )。

A 在酸性溶液中呈现红色 B 在酸性溶液中呈现黄色

C 在碱性溶液中呈现红色   D 在碱性溶液中呈现黄色
E 在中性溶液中呈现红色

12. 沉淀滴定法对沉淀反应的要求有（　　）。
A 沉淀反应生成的沉淀有一定的组成   B 沉淀生成的速度较快
C 沉淀的溶解度很小   D 有确定的化学计量点
E 形成的配位化合物必须很稳定

13. 配位滴定反应必须满足的条件有（　　）。
A 形成的配位化合物必须很稳定
B 配位反应速度足够快
C 在滴定过程中，多种配位化合物产生时，各种配位化合物的不稳定常数差别较大
D 在滴定过程中，多种配位化合物产生时，各种配位化合物的不稳定常数差别不大
E 沉淀的溶解度很小

14. 以下（　　）不是 EDTA 配位滴定中的金属指示剂的要求。
A 指示剂、指示剂与金属离子形成的配位化合物必须有不同的颜色，颜色的变化明显灵敏
B 指示剂与金属离子生成，应该有足够的稳定性，滴定终点变化敏锐
C 指示剂与金属离子生成的配位化合物的稳定性，应小于 EDTA 金属络合盐的稳定性
D 指示剂与金属离子生成的配位化合物的稳定性，应大于 EDTA 金属络合盐的稳定性
E 金属指示剂的变色范围，应在 EDTA 和金属离子形成配位化合物所选择的 pH 值范围内

15. 在氧化还原滴定中，确定化学计量点的指示剂主要有（　　）。
A 自身指示剂   B 特效指示剂
C 标准指示剂   D 氧化指示剂
E 还原指示剂

16. 重量分析法的缺点有（　　）。
A 操作步骤一般较多而且烦琐   B 消耗时间较长
C 难以满足快速分析的要求   D 对于低含量组分的测定误差较大
E 对于低含量组分的测定误差较小

17. 分光光度分析的标准加入法优点有（　　）。
A 可以消除基体干扰因素的影响
B 适用于组成复杂干扰因素较多的样品
C 适合大批量的样品测定
D 所需仪器设备简单，操作方便
E 工作量较小

18. 《水的混凝、沉淀试杯试验方法》GB/T 16881—2008 中规定的试验操作正确的是（　　）。
A 量取 1000mL 水样装入烧杯

B 投药前,用水将各试管中的药剂稀释至 10mL
C 在 1200r/min 转速下快速搅拌 30~60s
D 慢速搅拌的转速为 20~40r/min,搅拌时间为 5~20min
E 沉降 30min 后,分别测定水样的色度、浊度和 pH 值

19.《水处理用滤料》CJ/T 43—2005 规定筛分的正确操作参数是(　　)。
A 振荡机的行程为 140mm
B 振荡机的频率为 50 次/min
C 振荡机的频率为 150 次/min
D 振荡时间为 10 min
E 振荡时间为 20 min

三、判断题

(　) 1.《地表水环境质量标准》GB 3838—2002 按照地表水环境功能分类和保护目标,规定了水环境质量应控制的项目及限值,以及水质评价、水质项目的分析方法和标准的实施与监督。

(　) 2.《地表水环境质量标准》GB 3838—2002 中规定Ⅰ类水主要用于集中式生活饮用水地表水源地一级保护区、珍稀水生生物栖息地、鱼虾类产场、仔稚幼鱼的索饵场等。

(　) 3.《地下水质量标准》GB/T 14848—2017 中规定Ⅳ类水的地下水化学组分含量高,不宜作为生活饮用水水源。

(　) 4. 我国的水质标准进行了不断地完善与修正,由 1985 年标准的 35 项指标,发展到《生活饮用水卫生标准》GB 5749—2006 的 107 项。

(　) 5. 生活饮用水水质的基本要求中规定生活饮用水应经消毒处理。

(　) 6.《生活饮用水卫生标准》GB 5749—2006 中把水质指标分为常规和非常规两大类。

(　) 7. 适当的保存方法虽然能降低待测组分的变化程度、减缓变化的速度,但并不能完全抑制这种变化。

(　) 8. 对无机物、金属离子、放射性元素的测定应选用玻璃容器。

(　) 9. 管网末梢水采集时应打开龙头放水数分钟,排出沉淀物。

(　) 10. 冬季应采取保温措施,防止样品瓶冻裂。

(　) 11. 滴定管的操作属于水质检验的一般操作。

(　) 12. 滴定时目光应集中在锥形瓶内的颜色变化上,同时去注视刻度的变化。

(　) 13. 滴定分析法是将被测物质的溶液通过滴定管滴加到一种已知准确浓度的试液中。

(　) 14. 滴定过程中当观察到指示剂的颜色发生突变而终止滴定时,称为滴定终点。

(　) 15. 酸碱滴定法只能测定酸或碱的浓度。

(　) 16. 水质分析中,常用氨羧配位滴定法测定水中二价和三价的金属离子。

(　) 17. 氧化还原滴定法,是利用氧化还原反应的滴定方法,可以用于测定各种

变价元素和化合物的含量。

（　　）18. 分光光度法是一种比色分析方法。

（　　）19. 电化学分析法在水质分析中主要有电位分析法、电导分析法等。

（　　）20.《水的混凝、沉淀试杯试验方法》GB/T 16881—2008中规定的试验主要包括快速搅拌、慢速搅拌、静止沉淀三个步骤。

（　　）21.《水处理用滤料》CJ/T 43—2005规定筛分曲线是以筛的孔径为横坐标，以通过该筛孔样品的百分数为纵坐标。

（　　）22.《水处理用滤料》CJ/T 43—2005规定：含泥量试验是将干燥滤料置于洗砂桶中反复搅拌淘洗过筛，直至筒中的水清澈为止。

（　　）23.《地表水环境质量标准》GB 3838—2002中规定Ⅰ类水主要用于源头水、国家自然保护区。

（　　）24. 生活饮用水水质的基本要求规定：生活饮用水应经消毒处理。

（　　）25.《地下水质量标准》GB/T 14848—2017中规定Ⅱ类水地下水化学组分含量中等，主要适用于集中式生活饮用水水掘及工农业用水。

（　　）26. 指定质量称量法适用于称取易吸水、易氧化、易与二氧化碳反应等在空气中相对不稳定的粉末状或颗粒状物质。

（　　）27. 滴定分析法是化学分析中重要的一类分析方法，按其利用化学反应的不同滴定方法又可以分为四种类型：酸碱滴定法、配位滴定法（络合滴定法）、氧化还原滴定法、沉淀滴定法。

（　　）28. 由于酸碱滴定时一般是利用酸碱指示剂的颜色突然变化来指示滴定的终点，因此必须根据在化学计量点时溶液的pH值来选择指示剂。

（　　）29. 当溶液中某难溶电解质的离子浓度乘积如果小于其溶度积值时，就能生成沉淀。

（　　）30. 目前在水质分析中常用的重量分析法有：溶解性总固体的测定、水处理相关滤层中含泥量测定、滤料的筛分等。

（　　）31. 分光光度分析的定量方法有校准曲线法和标准加入法。

（　　）32. 以测量溶液导电能力为基础的分析方法称为电导分析法。

（　　）33.《地表水环境质量标准》GB 3838—2002中规定Ⅳ类水主要用于农业用水区及一般景观要求水域。

（　　）34.《地下水质量标准》GB/T 14848—2017中规定Ⅰ类水的地下水化学组分含量较低，适用于各种用途。

（　　）35. 饮用水中消毒剂常规指标包括4项：氯气及游离氯制剂、一氯胺、臭氧、二氧化氯。

（　　）36.《生活饮用水卫生标准》GB 5749—2006中规定贾第鞭毛虫指标限值<1个/10L，隐孢子虫指标限值<1个/10L。

（　　）37. 根据滴定方式的不同，滴定分析可以分为：直接滴定法、返滴定法、置换滴定法和间接滴定法等。

（　　）38. 适用于滴定分析的化学反应必须具备定量、快速、可指示三个条件。

（　　）39. 许多滴定体系本身在达到化学计量点时，外观上并没有明显的变化。

(　　) 40. 酸碱滴定的化学计量点，不一定与中性点一致。

(　　) 41. 根据物质的溶度积，可以判断沉淀的生成或溶解。

(　　) 42. 重量分析法适用于常量分析，此外还用于标准方法及仲裁分析中。

(　　) 43. 目视比色法所需仪器设备简单，操作方便，但是不适合大批量的水样分析。

(　　) 44. 电位分析法主要分为两类：直接电位法和电位滴定法。

(　　) 45. 水中硬度的测定属于直接测定法。

(　　) 46.《水处理用滤料》CJ/T 43—2005 规定以每分钟内通过筛的样品质量小于样品的总质量的1%，作为筛分终点。

四、问答题

1. 简述水质分析的主要方法。
2. 简述滴定分析法按其利用化学反应不同的分类。
3. 试写出六种水质分析的常用仪表。
4. 试述《地表水环境质量标准》GB 3838—2002 依据地表水水域环境功能和保护目标划分的5类功能区。
5. 试述《生活饮用水卫生标准》GB 5749—2006 中规定生活饮用水水质应符合的基本要求和水质指标的四个分类。

第3章 给水工程基础知识

一、单选题

1. 给水系统按使用目的可分为（　　）。
   A　地表水给水系统和地下水给水系统
   B　自流系统、水泵供水系统和混合供水系统
   C　生活用水、生产给水和消防给水系统
   D　城市给水和工业给水系统

2. 给水系统中所有构筑物都是以（　　）用水量为基础进行设计。
   A　最高日　　　　B　最低日　　　　C　平均日　　　　D　典型日

3. 城市给水管网需保持最小的服务水头为从地面算起1层为10m，2层为12m，2层以上每层增加（　　）。
   A　2m　　　　　B　3m　　　　　　C　4m　　　　　　D　5m

4. 输水和配水系统包括（　　）。
   ① 输水管渠；② 配水管网；③ 泵站；④ 水塔和水池
   A　①②　　　　B　①②③　　　　C　①②④　　　　D　①②③④

5. 对输水和配水系统的总要求有（　　）。
   ① 供给用户所需的水量；② 保证配水管网足够的水压；③ 保证不间断给水
   A　①②　　　　B　②③　　　　　C　①③　　　　　D　①②③

6. 经济流速是指一定年限内，管网造价和管理费用之和（　　）所对应的流速。
   A　最小　　　　B　最大　　　　　C　平均值　　　　D　以上都不对

7. 管网平差就是在按初步分配流量确定的管径基础上，重新分配各管段的流量，反复计算，直到同时满足（　　）时为止。
   A　连续性方程组　　　　　　　　B　能量方程组
   C　连续性方程组和能量方程组　　D　以上都不对

8. 分区给水一般是根据（　　）将整个给水系统分成几区。
   A　城市地形特点　　　　　　　　B　城市用水特点
   C　城市水源特点　　　　　　　　D　城市给水特点

9. 以下（　　）不是地表水取水构筑物位置选择的基本要求。
   A　具有稳定的河床和河岸　　　　B　远离主流
   C　设在水质较好的地方　　　　　D　注意河流上的人工构筑物的影响

10. 地表水取水构筑物按构造形式大致可分成（　　）、移动式取水构筑物和山区浅水河流取水构筑物。
    A　固定式取水构筑物　　　　　　B　岸边式取水构筑物

C 河床式取水构筑物　　　　　　D 斗槽式取水构筑物

11. 原水中使得水体浑浊的杂质是（　　）。
A 溶解物　　　　　　　　　　　B 胶体
C 悬浮物　　　　　　　　　　　D 胶体和悬浮物

12. 混凝阶段处理的对象主要是水中的（　　）。
A 溶解物　　　　　　　　　　　B 胶体
C 悬浮物　　　　　　　　　　　D 胶体和悬浮物

13. 以下（　　）不是混凝的主要机理。
A 电性中和　　B 吸附架桥　　C 迁移作用　　D 卷扫作用

14. 混凝剂按照化学成分可分为（　　）两大类。
A 无机和有机混凝剂　　　　　　B 无机盐和高分子混凝剂
C 铁盐和铝盐　　　　　　　　　D 混凝剂和助凝剂

15. 澄清池是把这（　　）集中在同一个构筑物内进行，主要依靠活性泥渣层的拦截和吸附达到澄清的目的。
A 混合、絮凝　　B 絮凝、沉淀　　C 沉淀、过滤　　D 絮凝、过滤

16. 斜板与斜管沉淀池的作用原理是（　　）。
A 水平沉淀原理　　　　　　　　B 垂直沉淀原理
C 深池沉淀原理　　　　　　　　D 浅池沉淀原理

17. 过滤不仅可以进一步降低水的浊度，而且水中部分（　　）等也会附着在悬浮颗粒上一并去除。
A 有机物　　　　　　　　　　　B 细菌
C 病毒　　　　　　　　　　　　D 有机物、细菌、病毒

18. 在饮用水净化工艺中，（　　）是不可缺少的处理单元，它是保障饮用水卫生安全的重要措施。
A 混合　　　　B 絮凝　　　　C 沉淀　　　　D 过滤

19. 滤料的选择条件是（　　）。
① 有足够的机械强度；② 具有足够的化学稳定性；③ 性价比高；④ 具有适当的级配与孔隙率
A ①②③　　　B ①②④　　　C ②③④　　　D ①②③④

20. 配水系统的作用是（　　）。
① 使冲洗水在整个滤池面积上均匀分布；② 在过滤时起到了均匀集水的作用；③ 在防止滤料从集水系统中流失
A ①②　　　　B ①③　　　　C ②③　　　　D ①②③

21. 常规水处理工艺的最后一道安全保障工序是（　　）
A 混凝　　　　B 沉淀　　　　C 过滤　　　　D 消毒

22. 氯气消毒时，起主要消毒作用的是（　　）。
A Cl_2　　　B $HOCl$　　　C OCl^-　　　D HCl

23. 以下不属于加氯点选择需要考虑因素的是（　　）。
A 加氯效果　　B 卫生要求　　C 设备维护　　D 滤池类型

24. 以活性炭为代表的（　　）工艺是微污染水源水预处理的有效方法。
   A 吸附　　　　B 氧化　　　　C 还原　　　　D 消毒
25. O_3-BAC 工艺主要是利用（　　）达到去除水源水中有机物的效果。
   ① 臭氧的预氧化；② 生物活性炭滤池的吸附降解作用；③ 臭氧的吸附降解作用；
   ④ 生物活性炭滤池的预氧化
   A ①②　　　　B ①④　　　　C ②④　　　　D ③④
26. 膜法技术主要有（　　）。
   A 微滤、超滤、纳滤　　　　　　B 超滤、纳滤、反渗透
   C 微滤、超滤、反渗透　　　　　D 微滤、超滤、纳滤、反渗透
27. 给水系统通常由一系列构筑物和（　　）组成
   A 泵站　　　　　　　　　　　　B 高地水池、水塔
   C 输配水管网　　　　　　　　　D 净水厂
28. 取水构筑物、一级泵站和水厂设计流量一般是按（　　）流量计算。
   A 平均日的平均时　　　　　　　B 平均日的最高时
   C 最高日的平均时　　　　　　　D 最高日的最高时
29. 一级泵站静扬程是指（　　）与水厂的前端处理构筑物（一般为混合絮凝池）最高水位的高程差。
   A 水泵吸水井最低水位　　　　　B 水泵吸水井最高水位
   C 水泵吸水井平均水位　　　　　D 以上都不对
30. 环状网的特点有（　　）。
   ① 供水可靠性增加；② 大大减轻因水锤作用产生的危害；③ 造价明显比树状网高
   A ①②　　　　B ②③　　　　C ①③　　　　D ①②③
31. 在选取管段平均经济流速时，一般大管径可取（　　）的平均经济流速。
   A 较小　　　　B 较大　　　　C 上限　　　　D 下限
32. 树状网的计算通常是已知管道沿线地形、各管段长度和端点要求的自由水头，在求出管段流量后，确定管道的（　　）及水塔高度。
   A 各段水头　　B 各段直径　　C 各段流速　　D 各段标高
33. 以下（　　）不是采用分区给水系统的原因。
   A 减少损坏水管和附件　　　　　B 减少漏水量
   C 降低供水能量费用　　　　　　D 保证管网中水质较好
34. 以下（　　）不是地表水取水构筑物按构造形式的分类。
   A 固定式取水构筑物　　　　　　B 移动式取水构筑物
   C 河床式取水构筑物　　　　　　D 山区浅水河流取水构筑物
35. 以下（　　）不是固定式取水构筑物按取水点位置的分类。
   A 岸边式　　　B 河床式　　　C 斗槽式　　　D 低坝式
36. 管式静态混合器混合属于（　　）。
   A 水泵混合　　　　　　　　　　B 管式混合
   C 机械混合　　　　　　　　　　D 池式混合
37. 沉淀按照水中固体颗粒的性质分为自然沉淀、（　　）、化学沉淀三种类型

A 混合沉淀 B 絮凝沉淀
C 混凝沉淀 D 物理沉淀

38. 原水中不影响透明度的杂质是( )。
A 胶体和悬浮物 B 胶体
C 悬浮物 D 溶解物

39. 以下( )不是影响混凝效果的主要因素。
A 水温 B 水的pH值 C 水的碱度 D 水的氨氮值

40. 平流沉淀池的长度( )。
A 与处理水量无关,与水平流速和停留时间有关
B 与处理水量无关,与水平流速和停留时间无关
C 与处理水量有关,与水平流速和停留时间有关
D 与处理水量有关,与水平流速和停留时间无关

41. 悬浮颗粒的过滤机理主要有( )。
① 迁移机理;
② 黏附机理;
③ 电性中和机理;
④ 网捕卷扫机理
A ①② B ③④ C ①②③ D ①②③④

42. 滤料粒径级配指滤料中各种粒径颗粒所占的( )比例。
A 质量 B 重量 C 体积 D 密度

43. 气、水反冲洗操作的正确方式是( )。
A 先气冲,然后气-水同时反冲,最后水冲
B 先水冲,然后气-水同时反冲,最后气冲
C 先气-水同时反冲,然后气冲,最后水冲
D 先气-水同时反冲,然后水冲,最后气冲

44. 饮用水消毒的方法有( )。
A 化学消毒法、生物消毒法
B 物理消毒法、生物消毒法
C 化学消毒法、物理消毒法
D 化学消毒法、物理消毒法、生物消毒法

45. 氯气遇水会生成( )。
A HCl、NH_4Cl B $HOCl$、NH_4Cl
C NH_4OCl、NH_4Cl D HCl、$HOCl$

46. 《生活饮用水卫生标准》GB 5749—2006中规定:出厂水游离性余氯在接触30min后不应低于0.3mg/L,管网末梢不低于( )mg/L。
A 0.01 B 0.03 C 0.05 D 0.08

47. 在城市管网中,管网末梢的余氯量难以保证时,需要在管网中途补充加氯,补氯点一般设置在( )。
A 管网末梢 B 管网前段

C 加压泵或者水库泵站内　　　　　D 随意安置
48. 化学预氧化技术中常用的氧化剂有（　　）
① 氯；② 二氧化氯；③ 臭氧；④ 高锰酸钾
A ①②③　　　B ①②④　　　C ①③④　　　D ①②③④
49. 活性炭是（　　）的固体。
①多孔；②有巨大表面积；③吸附能力高
A ①②　　　B ①③　　　C ②③　　　D ①②③
50. 常见的臭氧-活性炭工艺流程为（　　）。
A 原水-混凝-沉淀-过滤-臭氧反应器-生物活性炭滤池-消毒-出水
B 原水-混凝-沉淀-臭氧反应器-生物活性炭滤池-过滤-消毒-出水
C 原水-混凝-沉淀-过滤 消毒-臭氧反应器-生物活性炭滤池-出水
D 原水-混凝-沉淀-过滤-生物活性炭滤池-臭氧反应器-消毒-出水
51. 以下（　　）不是水温对混凝效果的影响。
A 水中杂质颗粒布朗运动　　　　B 胶粒水化作用
C 水的pH值　　　　　　　　　D 水的碱度
52. 机械搅拌絮凝池可根据（　　）变化调整搅拌速度，故适用于不同规模的水厂。
A 水量　　　　　　　　　　　　B 水质
C 水温　　　　　　　　　　　　D 水量、水质、水温
53. 澄清池这种把泥渣层作为接触介质的过程一般称为（　　）。
A 泥渣絮凝　　B 接触絮凝　　C 自然絮凝　　D 化学絮凝
54. 澄清池主要依靠（　　）的拦截和吸附达到澄清的目的。
A 混合泥渣层　　B 絮凝泥渣层　　C 混凝泥渣层　　D 活性泥渣层
55. 浅池沉淀原理是在沉淀池容积一定的条件下（　　）。
A 池深越深，沉淀面积越大，悬浮颗粒去除率越高
B 池深越浅，沉淀面积越小，悬浮颗粒去除率越高
C 池深越浅，沉淀面积越大，悬浮颗粒去除率越低
D 池深越浅，沉淀面积越大，悬浮颗粒去除率越高
56. 悬浮颗粒的粘附是一种（　　）作用。
A 物理　　　B 化学　　　C 物理化学　　　D 水动力
57. 不均匀系数愈大表示（　　）。
① 粗细颗粒尺寸相差越远；② 滤料均匀性越差；③ 滤料下层含污能力越高；④ 反冲洗后滤料易出现上细下粗的现象
A ①②③　　　B ①②④　　　C ①③④　　　D ①②③④
58. 生产实际表明，氯消毒过程中pH值与消毒作用的关系是（　　）。
A pH值越低消毒作用越弱　　　　B pH值越低消毒作用越强
C pH值与消毒作用无直接关系　　D pH值越高消毒作用越强
59. HCOl与OCl⁻相对比例取决于温度和（　　）。
A 浓度　　　B 时间　　　C pH值　　　D 体积
60. （　　）不是滤前加氯（原水预氧化）作用。

A 避免藻类滋生 B 减少消毒副产物
C 提高混凝效果 D 氧化水中的有机物

61. 考虑到消毒效果和经济性，当水中的氨含量比较少时，可以将加氯量控制在折点（　　）。
A 之前 B 之后 C 同时 D 没有关系

62. 生物膜法的原理是利用附着在填料表面上的生物膜，使水中溶解性的污染物被（　　）。
A 吸附、氧化 B 吸附、分解
C 氧化、分解 D 吸附、氧化、分解

63. 臭氧-生物活性炭工艺中活性炭上附着的硝化菌的主要作用是（　　）。
A 降低COD浓度 B 降低NH_3-N浓度
C 增加NH_3-N浓度 D 增加COD浓度

64. 无水塔时二级泵站扬程为静扬程、管路总水头损失与（　　）之和。
A 管网控制点的地面标高 B 管网控制点所需的平均服务水头
C 管网控制点所需的最大服务水头 D 管网控制点所需的最小服务水头

65. 给水管网布置形式中，环状网与树状网相比（　　）。
A 供水可靠性降低 B 大大减轻水锤作用
C 造价明显降低 D 部分位置水质较差

66. 当管径$D=100～400mm$时的平均经济流速为（　　）。
A 0.1～0.6m/s B 0.6～0.9m/s C 0.9～1.4m/s D 1.4～2.0m/s

二、多选题

1. 影响混凝效果的主要因素有（　　）。
A 水温 B 水的pH值
C 水的碱度 D 水中杂质性质和浓度
E 外部水力条件

2. 折板絮凝池的优点有（　　）。
A 絮凝效果较好 B 絮凝时间较短
C 水流条件较好 D 安装维修较方便
E 池子体积减小

3. 按照水中固体颗粒的性质，沉淀的类型可分为（　　）。
A 自然沉淀 B 混凝沉淀
C 物理沉淀 D 化学沉淀
E 接触沉淀

4. 引起沉淀池短流的主要原因有（　　）。
A 进水惯性作用
B 出水堰口负荷较大
C 风吹沉淀池表层水体
D 温差或过水断面上悬浮颗粒密度差、浓度差

E 沉淀池池壁、池底、导流墙摩擦，刮泥设备的扰动
5. 影响沉淀效果主要因素有（　　）。
A 短流影响　　　　　　　　　B 水流状态影响
C 混合作用影响　　　　　　　D 絮凝作用影响
E 沉淀深度的影响
6. 悬浮颗粒发生的迁移现象一般认为是（　　）作用引起。
A 沉淀　　　　　　　　　　　B 扩散
C 惯性　　　　　　　　　　　D 阻截
E 水动力
7. 滤池反冲洗时，主要是利用（　　）作用使滤料上的杂质剥离。
A 静电斥力　　　　　　　　　B 范德华力
C 化学键力　　　　　　　　　D 水流的剪切力
E 颗粒间的互相摩擦
8. 利用氧化型消毒剂进行化学消毒的方法有（　　）。
A 紫外线消毒　　　　　　　　B 液氯消毒
C 二氧化氯消毒　　　　　　　D 季铵盐类化合物消毒
E 臭氧消毒
9. 当水中含有（　　）时，加氯量与余氯量的关系呈折线型，称之为折点加氯。
A 硝酸盐　　　　　　　　　　B 一氯胺
C 二氯胺　　　　　　　　　　D 三氯胺
E 氨氮
10. 活性炭对（　　）有良好的吸附能力。
A BOD_5　　　　　　　　　　B COD_{cr}
C 色度　　　　　　　　　　　D 绝大多数有机物
E 胶体颗粒
11. 生物活性炭工艺优点的有（　　）。
A 提高溶解性有机物去除率　　B 延长活性炭再生周期
C 降低消毒副产物生成量　　　D 去除氨氮，亚硝酸盐氮等无机物
E 提高了出厂水的生物稳定性
12. 从地面算起，城市给水管网需保持最小的服务水头正确的是（　　）。
A 1层为10m　　　　　　　　B 2层为14m
C 3层为16m　　　　　　　　D 4层为20m
E 5层为24m
13. 给水管网的布置应满足以下要求。（　　）
A 应考虑一次性建设到位　　　B 应考虑给水系统分期建设的可能
C 保证供水量安全可靠　　　　D 保证用户有足够的水量和水压
E 力求以最短距离敷设管线
14. 环状网流量分配的步骤和要求正确的有（　　）。
A 按照管网的主要供水方向，初步拟定各管段的水流方向，并选定整个管网的控

制点

B 控制点一般选在给水区内离二级泵站最远或地形较高之处

C 选定几条主要的平行干管线,尽可能均匀地分配流量,并且满足节点流量平衡的条件

D 和干管线垂直的连接管中可分配较少的流量

E 和干管线垂直的连接管中需分配较大的流量

三、判断题

(　　) 1. 由水体运动所引起的颗粒碰撞聚集称为异向絮凝。

(　　) 2. 给水系统的任务是从水源取水,按照用户对水质的要求进行处理,然后将水输送到用水区,并向用户配水。

(　　) 3. 任一管段的计算流量包括该管段两侧的沿线流量和通过该管段输送到以后管段的转输流量。

(　　) 4. 树状网的计算是已知管道沿线地形、各管段长度和端点要求的自由水头,在求出管段流量后,确定管道的各段直径及水塔高度。

(　　) 5. 分区给水系统一般可分为并联分区和串联分区。

(　　) 6. 原水中的杂质按照粒径大小可分为溶解物、胶体和悬浮物三类。

(　　) 7. 混合设备种类较多,应用于水厂混合的大致分为水泵混合、管式混合、机械混合等。

(　　) 8. 水中固体颗粒依靠重力作用,从水中分离出来的过程称为沉淀。

(　　) 9. 平流式沉淀池分为进水区、沉淀区、出水区和存泥区四部分。

(　　) 10. 水中的加氯量可以分为两部分,即需氯量与余氯量。

(　　) 11. 生物接触氧化就是利用微生物群体的新陈代谢活动初步去除水中的氨氮、有机物等污染物。

(　　) 12. 给水系统按供水方式可分为生活用水、生产给水和消防给水系统。

(　　) 13. 给水管网的布置形式有树状网和环状网。

(　　) 14. 单水源的树状网中,任一管段的流量等于该管段以后所有节点流量的总和。

(　　) 15. 在管网中间设加压泵站或水库泵站加压,是串联分区的一种形式。

(　　) 16. 原水中的杂质按照粒径从大到小依次为溶解物、胶体和悬浮物。

(　　) 17. 由水体运动所引起的颗粒碰撞聚集称为同向絮凝。

(　　) 18. 当单独使用混凝剂不能取得较好的混凝效果时,常常需要投加一些辅助药剂以提高混凝效果,这种药剂称为助凝剂。

(　　) 19. 澄清池从净化作用原理和特点上可分成泥渣接触过滤型澄清池和泥渣接触分离型澄清池。

(　　) 20. 浅池沉淀原理是在沉淀池容积一定的条件下,池深越浅,沉淀面积越大,悬浮颗粒去除率越高。

(　　) 21. 常用滤池有双阀滤池、无阀滤池、双层滤料滤池、V形滤池。

(　　) 22. 超滤膜具有精密的微细孔,可以去除无机盐和溶解性有机物等小分子

（　　）23. 聚合氯化铝属于无机混凝剂。

（　　）24. 滤池膨胀度是滤层膨胀前厚度与膨胀后增加的厚度之比。

（　　）25. 小阻力配水系统最大的优点在于减小冲洗水的水头损失，降低能耗。

（　　）26. 通过预臭氧氧化的微污染源水，难降解有机物被氧化为可生化降解有机物，难溶性有机物被氧化为可溶性小分子有机物。

（　　）27. 二级泵站、从泵站到管网的输水管、管网和水塔等的计算流量，应按照用水量变化曲线和二级泵站工作曲线确定。

（　　）28. 在管网计算中，主要考虑沿管线长度的水头损失，至于配件和附件如弯管、渐缩管和阀门等的局部水头损失，因和沿管线长度的水头损失相比很小，通常忽略不计。

（　　）29. 给水管网布置形式中，树状网与环状网相比，供水可靠性较差，末端水质容易变坏，造价也较高。

四、问答题

1. 简述给水系统的组成。
2. 给水管网的布置应满足哪些要求。
3. 简述影响混凝效果的主要因素。
4. 请分别写出三种常见的混合和絮凝设备。
5. 简述影响沉淀效果的主要因素。
6. 分别写出滤料的级配、有效粒径 d_{10} 以及不均匀系数的定义。
7. 写出三种预处理工艺和两种深度处理工艺。
8. 地表水取水构筑物位置选择的基本要求。
9. 试述水温对混凝效果影响的原因。
10. 试述引起沉淀池短流的主要原因。
11. 试述滤池运行的技术参数及其定义。

第4章 泵 与 泵 站

一、单选题

1. 泵是一种转换（　　）的机器。
   A 质量　　　　B 重量　　　　C 动量　　　　D 能量

2. 泵按照其工作原理可以分为（　　）、容积泵、其他类型水泵三类。
   A 叶片泵　　　B 离心泵　　　C 轴流泵　　　D 混流泵

3. 离心泵是靠叶轮高速旋转时使液体获得（　　）而完成水泵的输水过程。
   A 离心力
   B 轴向升力
   C 离心力和轴向升力
   D 离心力或轴向升力

4. 离心泵的性能参数有（　　）。
   A 流量、扬程、轴功率、转速、效率
   B 流量、扬程、轴功率、转速、允许吸上真空高度
   C 流量、扬程、轴功率、效率、允许吸上真空高度
   D 流量、扬程、轴功率、转速、效率、允许吸上真空高度

5. 离心泵的性能曲线有（　　）。
   ① 流量-扬程曲线；
   ② 流量-轴功率曲线；
   ③ 流量-效率曲线；
   ④ 流量-允许吸上真空高度曲线；
   ⑤ 流量-转速曲线
   A ①②③⑤　　B ①②④⑤　　C ①②③④　　D ①②③④⑤

6. 工况点就是指水泵在已确定的管路系统中，实际运行时所具有的流量、扬程、轴功率、效率、吸上真空度 H 等的（　　）参数值。
   A 额定　　　B 理论　　　C 实际　　　D 效率最高时的

7. 给水泵站按泵站在给水系统中的作用可分为（　　）。
   ① 取水泵站；② 送水泵站；③ 加压泵站；④ 循环泵站
   A ①②　　　B ①②③　　　C ①②④　　　D ①②③④

8. 选泵的主要依据是所需（　　）。
   ① 流量；② 扬程；③ 流量扬程的变化规律
   A ①②　　　B ①③　　　C ②③　　　D ①②③

9. 水锤破坏的主要表现形式有（　　）。
   ① 水锤压力过高引起水泵、管道等破坏；
   ② 水锤压力过低引起管道因失稳而破坏；

③ 水泵反转速过高与水泵机组的临界转速相重合；
④ 突然停止反转过程引起电动机转子的永久变形、联轴结的断裂

A ①②③　　　　　B ①②④　　　　　C ①③④　　　　　D ①②③④

10. 为离心泵叶轮出水的水流方向是（　　）。

A 径向流　　　　B 轴向流　　　　C 斜向流　　　　D 反向流

11. 容积式水泵利用泵内工作室的容积发生（　　）的变化，使液体获得能量以达到输送液体的目的。

A 往复性　　　　B 旋转性　　　　C 周期性　　　　D 随机性

12. 叶轮按吸入方式可分为（　　）。

A 离心式、轴流式和混流式　　　　B 封闭式、敞开式和半开式
C 单吸式和双吸式　　　　　　　　D 后弯式、前弯式和径向式

13. 泵的效率是泵的（　　）的比值。

A 有效功率和轴功率　　　　　　　B 轴功率和有效功率
C 有效功率和配套功率　　　　　　D 轴功率和配套功率

14. 离心泵的流量-扬程曲线中，当流量逐渐增加时，扬程（　　）。

A 逐渐增加　　　　　　　　　　　B 逐渐降低
C 先增加后降低　　　　　　　　　D 先降低后增加

15. 将水泵的（　　）和管路特性曲线按同一个比例同一个单位画在同一个坐标图上，两条曲线的交点即为水泵在该装置系统的运行工况点。

A 流量-扬程曲线　　　　　　　　 B 流量-轴功率曲线
C 流量-效率曲线　　　　　　　　 D 流量-允许吸上真空高度曲线

16. 选泵的主要原则有（　　）。

① 大小兼顾，调配灵活；② 型号整齐，互为备用；③ 合理地利用各泵的高效段；
④ 近远期相结合

A ①②③　　　　　B ①②④　　　　　C ①③④　　　　　D ①②③④

17. 泵站内的压水管路要求（　　）。

A 不漏气　　　　　　　　　　　　B 不积气
C 不吸气　　　　　　　　　　　　D 坚固而不漏水

18. 轴封装置的作用是为了防止泵轴与泵壳之间的（　　）。

① 漏水；② 进气；③ 磨损

A ①②　　　　　　B ①③　　　　　C ②③　　　　　D ①②③

19. 密封环的作用是（　　）。

①减少泄漏；②防止进气；③承受磨损

A ①②　　　　　　B ①③　　　　　C ②③　　　　　D ①②③

20. 若 Q 为所输送液体的体积流量，H 为泵的全扬程，γ 为所输送液体的重力密度，则泵的有效功率为（　　）。

A $\gamma QH/1000$　　　B $\gamma/1000QH$　　　C $QH/1000\gamma$　　　D $1/1000\gamma QH$

21. 允许吸上真空高度是指水泵在标准状况下，水温为 20℃，表面压力为一个标准大气压下运转时，水泵所允许的（　　）吸上真空高度。

A 最小　　　　B 最大　　　　C 平均　　　　D 标准

22. 同型号、同水位、对称布置的两台水泵并联运行时，一台泵单独运行的流量（　　）并联运行时每一台泵的流量。

A 小于　　　　B 大于　　　　C 等于　　　　D 不确定

23. 在管路装置已确定的情况下，增大出水阀门的开度，管路装置性能曲线（　　）。

A 变得平缓　　B 变得陡峭　　C 向上平移　　D 向下平移

24. 为了安装上方便和避免管路上的应力传至水泵机组，一般应在吸水管路和压水管路上需设置（　　）。

A 伸缩节　　　B 支墩　　　　C 拉杆　　　　D 止回阀

二、多选题

1. 离心泵的主要零件中属于转动部分的有（　　）。

A 叶轮　　　　　　　　　　B 密封环
C 泵壳　　　　　　　　　　D 泵轴
E 轴封装置

2. 关于离心泵的特性曲线的变化趋势叙述正确的是（　　）。

A 流量-扬程是一条下降的曲线　　B 流量-扬程是一条上升的曲线
C 流量-功率是一条上升的曲线　　D 流量-效率是一条下降的曲线
E 流量-允许吸上真空高度是一条上升的曲线

3. 改变离心泵性能的方法有（　　）。

A 改变泵的转速　　　　　　B 切削叶轮外径
C 调节出水阀门　　　　　　D 改变泵的吸水和压水管路
E 安装微阻缓闭止回阀

4. 泵站在运行中发生水锤原因有（　　）。

A 迅速操作阀门使水流速度发生急剧变化
B 管道中出现水柱中断
C 配电系统故障、误操作、雷击等情况下的突然停泵
D 出水阀、止回阀阀板突然脱落使流道堵塞
E 泵的出水管上安装微阻缓闭止回阀

三、判断题

（　）1. 离心泵的主要零件有叶轮、密封环、泵壳、泵轴、轴封装置等。

（　）2. 管路特性曲线是反映管路中流量和水头损失变化关系的曲线。

（　）3. 吸水管路的要求是不漏气、不积气、不吸气。

（　）4. 填料密封装置具有结构简单、成本低、使用寿命长以及密封性能好的优点。

（　）5. 多台泵的并联运行，一般是建立于各台泵的流量范围比较接近的基础上。

（　）6. 泵机组采用横向排列布置适用于单级双吸卧式离心泵 SH 型、SA 型。

（　）7. 阀门或止回阀突然关闭时使得阀门或管道破裂，此种水锤称之为直接

水锤。

（　　）8. 当吸水管路内真空值小于一定值时，水中溶解气体会因压力减小而逸出，管路中就可能会产生出现积气现象。

四、问答题

1. 写出泵按照其工作原理分为哪几类。
2. 写出离心泵的六个主要零件。
3. 泵站按照在给水系统中的作用可分为哪几类。
4. 简述吸水管路的要求。
5. 叶片泵的基本性能参数。
6. 试述双吸式离心泵的性能曲线及其变化趋势。

第5章　电气专业基础知识

一、单选题

1. 电阻的单位是(　　)。
   A 法　　　　　　B 欧姆　　　　　C 库伦　　　　　D 伏特
2. 在温度不变的前提下，用同种材料制成的导线，正确的是(　　)。
   A 电阻与横截面积成正比　　　　B 电阻与电阻率成正比
   C 电阻与电阻率成反比　　　　　D 电阻与长度成反比
3. 串联电路说法错误的是(　　)。
   A 干路开关控制所有支路负载，支路开关只控制其所在支路的负载
   B 只有一条电流的路径，各元件顺次相连，没有分支
   C 各负载之间相互影响，若有一个负载断路，其他负载也无法工作
   D 串联电路的开关控制整条串联电路上的负载，并与其在串联电路中的位置无关
4. 变压器主要额定值不包括(　　)。
   A 额定容量　　　B 额定电压　　　C 额定电流　　　D 额定损耗
5. 决定用户供电质量的指标不包括(　　)。
   A 电流　　　　　B 电压　　　　　C 可靠性　　　　D 功率
6. 导体中带电粒子定向有规律地移动就形成了(　　)。
   A 电流　　　　　B 电压　　　　　C 电量　　　　　D 电阻
7. 交流电正半周内，其瞬时值的平均数称为交流电的(　　)。
   A 瞬时值　　　　B 最大值　　　　C 平均值　　　　D 有效值
8. 属于按变压器冷却方式分类的是(　　)。
   A 油浸式变压器　　　　　　　　B 三相变压器
   C 自耦变压器　　　　　　　　　D 双绕组变压器
9. (　　)属于电力变压器的其他附件。
   A 器身　　　　　B 分接开关　　　C 铁芯　　　　　D 绕组
10. (　　)是指依据电磁感应定律实现电能的转换或传递的一种电磁装置。它的主要作用是产生驱动转矩，作为用电器或各种机械的动力源。
    A 变压器　　　　B 变频器　　　　C 断路器　　　　D 电动机
11. 30kW以下的电动机启动方式一般是(　　)。
    A 串联电阻降压启动　　　　　　B Y/△降压启动
    C 软启动　　　　　　　　　　　D 直接启动
12. 在电力的供应、分配和使用过程中，应避免发生人身及设备事故，体现了对用户供配电系统的(　　)要求。

| A 安全 | B 可靠 | C 优质 | D 经济 |

13. 变频调速特点不包括（　　）。
   A 效率高，调速过程中没有附加损耗
   B 转差功率以发热的形式消耗在电阻上，属有级调速
   C 应用范围广，可用于笼型异步电动机
   D 调速范围大，特性硬，精度高

14. 通常总供电容量在 1000～10000kVA 及以上者为中型用户，供电电压采用（　　）。
   A 220V　　B 380V　　C 10kV/6kV　　D 35～110kV

15. 当供电系统某部分发生故障时，继电保护装置只将故障部分切除，保证无故障部分继续运行。体现了继电保护装置的（　　）。
   A 选择性　　B 速动性　　C 可靠性　　D 灵敏性

16. （　　）是将电容器组集中安装在工厂变配电所 6～10kV 的母线上。
   A 高压集中补偿　B 低压集中补偿　C 低压就地补偿　D 采用同步补偿

17. 电量的单位是（　　）。
   A 法　　B 欧姆　　C 库伦　　D 伏特

18. 在温度不变的前提下，用同种材料制成的导线，正确的是（　　）。
   A 电阻与横截面积成正比
   B 电阻与横截面积成反比
   C 电阻与电阻率成反比
   D 电阻与长度成反比

19. 不属于按变压器冷却方式分类的是（　　）。
   A 油浸式变压器　　B 充气式变压器
   C 双绕组变压器　　D 干式变压器

20. （　　）是电机有级调速方式。
   A 液力耦合器调速　　B 变频调速
   C 串电阻调速　　　　D 电磁调速

21. 工厂供电系统的过电流保护装置不包括（　　）。
   A 熔断器保护　　　　B 低压断路器保护
   C 继电器保护　　　　D 隔离开关保护

22. （　　）不是表示交流电大小的物理量。
   A 瞬时值　　B 最大值　　C 周期　　D 有效值

23. 将直流电与交流电分别通过同一个电阻，在相同的时间内，两者产生的热量相等，那么就用这个直流电的大小来表示这个交流电的（　　）。
   A 瞬时值　　B 最大值　　C 平均值　　D 有效值

24. 如果某段电路中的各个元件并列连接在电路的两点之间，那么这段电路就是（　　）连接。
   A 串联　　B 并联　　C 混合　　D 等效

25. 属于按变压器绕组数目不同分类的是（　　）。
   A 单相变压器　　　　B 三相变压器
   C 多相变压器　　　　D 自耦变压器

26. （　）属于电力变压器的其他附件。
A 器身　　　　　B 气体继电器　　　C 铁芯　　　　　D 绕组

27. 将容量为（　）的变压器称为中型变压器。
A 630kVA及以下　　　　　　　　B 800～6300kVA
C 8000～63000kVA　　　　　　　D 90000kVA及以上

28. 电动机的启动电流，通常为额定电流的（　）倍。
A 2～3　　　　　B 4～7　　　　　C 8～10　　　　D 10～15

29. 应满足电力用户对供电可靠性即连续供电的要求，体现了对用户供配电系统的（　）要求。
A 安全　　　　　B 可靠　　　　　C 优质　　　　　D 经济

30. （　）中断供电将在政治、经济上造成较大损失者，如主要设备损坏、大量产品报废、连续生产过程被打乱需较长时间才能恢复、重点企业大量减产等。
A 一级负荷　　　B 二级负荷　　　C 三级负荷　　　D 四级负荷

31. （　）是指继电保护装置对被保护的电气设备可能发生的故障和不正常运行状态的反应能力。
A 选择性　　　　B 速动性　　　　C 可靠性　　　　D 灵敏性

32. （　）是将电容器组安装在需要进行无功功率补偿的各用电设备附近。
A 高压集中补偿　　　　　　　　　B 低压集中补偿
C 低压就地补偿　　　　　　　　　D 采用同步补偿机

33. 电场中两点之间的电势差也称之为电位差，也就是通常所说的（　）。
A 电流　　　　　B 电压　　　　　C 电量　　　　　D 电阻

34. 表示交流电变化快慢的物理量是（　）。
A 瞬时值　　　　B 最大值　　　　C 频率　　　　　D 有效值

35. 电容的单位是（　）。
A 法　　　　　　B 欧姆　　　　　C 库伦　　　　　D 伏特

36. （　）是全电路欧姆定律公式。
A $I=U/R$　　　B $U=IR$　　　　C $R=U/I$　　　D $E=IR+Ir$

37. 如果某段电路中的各个元件是首尾连接起来的，那么这段电路就是（　）连接。
A 串联　　　　　B 并联　　　　　C 混合　　　　　D 等效

38. 属于按变压器绕组数目分类的是（　）。
A 油浸式变压器　B 三相变压器　　C 自耦变压器　　D 干式变压器

39. 电力变压器的其他附件不包括（　）。
A 油箱　　　　　B 分接开关　　　C 气体继电器　　D 绕组

40. 变压器一般不用于（　）电路。
A 直流　　　　　B 交流　　　　　C 单相　　　　　D 三相

41. 供水行业一般选用（　）。
A 直流电动机　　　　　　　　　　B 三相异步交流电动机
C 永磁同步电动机　　　　　　　　D 磁滞同步电动机

42. 5.5kW电动机启动方式一般是（　）。

A 串联电阻降压启动 B Y/△降压启动
C 软启动 D 直接启动

43. （　　）是电机高效调速方式。
A 变频调速 B 转子串电阻调速
C 电磁离合器调速 D 液力偶合器调速

44. 中断供电将造成人身伤亡者，或在政治、经济上将造成重大损失者是（　　）。
A 一级负荷 B 二级负荷 C 三级负荷 D 四级负荷

45. 总供电容量在 10000kVA 及以上者为大型用户，供电电压采用（　　）。
A 220V B 380V C 10kV/6kV D 35～110kV

46. 当被保护设备内发生属于该保护应该反应的故障时，该保护装置不会拒绝动作；而不该动作时又不会误动作。体现了继电保护装置（　　）。
A 选择性 B 速动性 C 可靠性 D 灵敏性

47. 提高功率因数，应该优先采用（　　）。
A 高压集中补偿 B 提高用户的自然功率因数
C 采用同步补偿机 D 并联电容器

二、多选题

1. 表示交流电大小的物理量有（　　）。
A 瞬时值 B 最大值
C 周期 D 有效值
E 平均值

2. 在温度不变的前提下，用同种材料制成的导线，正确的有（　　）。
A 电阻与横截面积成正比 B 电阻与横截面积成反比
C 电阻与长度成正比 D 电阻与长度成反比
E 电阻与电阻率成反比

3. 串联电路说法正确的有（　　）。
A 干路开关控制所有支路负载，支路开关只控制其所在支路的负载
B 只有一条电流的路径，各元件顺次相连，没有分支
C 各负载之间相互影响，若有一个负载断路，其他负载也无法工作
D 串联电路的开关控制整条串联电路上的负载，并与其在串联电路中的位置无关
E 各负载之间互不影响，若其中一个负载断路，其他负载仍可正常工作

4. 属于按变压器冷却方式分类的有（　　）。
A 油浸式变压器 B 充气式变压器
C 双绕组变压器 D 干式变压器
E 三相变压器

5. 变压器主要额定值有（　　）。
A 额定容量 B 额定电压
C 额定电流 D 额定损耗
E 额定频率

6. 电动机按结构及工作原理可分为( )。
A 直流电动机 B 单相电动机
C 三相电动机 D 异步电动机
E 同步电动机

7. 电机无级调速方式有( )。
A 变极对数调速 B 变频调速
C 串电阻调速 D 电磁调速
E 液力耦合器调速

8. 决定用户供电质量的指标有( )。
A 电流 B 电压
C 频率 D 功率
E 可靠性

9. 工厂供电系统的过电流保护装置有( )。
A 熔断器保护 B 低压断路器保护
C 继电器保护 D 隔离开关保护
E 微机保护

10. 并联电容器按装置的位置分为( )。
A 高压集中补偿 B 低压集中补偿
C 无功功率补偿 D 同步补偿机
E 低压就地补偿

三、判断题

( ) 1. 导体的电阻是导体本身的一种性质，一般来说它的大小取决于导体的材料、长度、横截面积还有温度有关。

( ) 2. 交流电在某一个瞬间所具有的大小叫有效值。

( ) 3. 并联电路由干路和若干条支路构成，每条支路各自和干路形成回路，每条支路两端的电压不相等。

( ) 4. 变压器利用电磁感应原理，将一种交流电转变为另一种或几种频率相同、大小不同的交流电。

( ) 5. 变压器一般只用于交流电路，它的作用是传递电能，而不能产生电能。

( ) 6. 三相异步电动机具有结构简单、坚固耐用、价格便宜、维修方便等优点，是工农业生产中应用最广泛的一种电动机。

( ) 7. 三相异步电动机的结构比较简单，主要由定子和转子两大部分构成。

( ) 8. 用户供配电系统的供电电压有高压和低压两种，高压供电是指采用380V及以上的电压供电。

( ) 9. 电路中电压和电流作周期性变化，且在一个周期内其平均值为零，这样的电路就称为正弦交流电路。

( ) 10. 电流是有方向的，习惯上把导体中正电荷移动的方向定义为电流的方向。

( ) 11. 并联电路中各负载之间互不影响，若其中一个负载断路，其他负载仍可正常工作。

（　）12. 变压器按相数的不同，可分为双绕组变压器、三绕组变压器、多绕组变压器和自耦变压器。

（　）13. 变压器的主要部件是由铁芯和绕组构成的器身，铁芯是电路部分，绕组是磁路部分。

（　）14. 变压器只能改变交流电压、电流的大小，而不能改变频率。

（　）15. 电动机直接启动电流大，而降压启动限制了启动电流，启动转矩同时降低，适应各类负载的要求，不会产生启动冲击。

（　）16. 正常情况下，补偿电容器组在供电系统中的投入运行或退出运行应根据供电系统功率因数或电压情况来决定。如果功率因数过低或电压过高时，应投入电容器组或增加投入。

（　）17. 电流是有方向的，习惯上把导体中负电荷移动的方向定义为电流的方向。

（　）18. 电路中电压和电流作周期性变化，且在一个周期内其平均值为零，这样的电路就称为交流电路。

（　）19. $R=U/I$，所以导体电阻与电压成正比，与电流成反比。

（　）20. 并联电路由干路和若干条支路构成，每条支路各自和干路形成回路，每条支路两端的电压相等。

（　）21. 变压器能改变交流电压、电流、频率的大小。

（　）22. 三相异步电动机的结构比较简单，主要由定子和转子两大部分构成。

（　）23. 直接启动的设备简单，启动时间短，大功率的三相异步电动机应该直接启动。

（　）24. 电机调速是利用改变电机的电压、电流、功率因素等方法改变电机的转速，以使电机达到较高的使用性能。

（　）25. 为了保证装置可靠工作，微机保护装置具有自检功能，对装置的有关硬件和软件进行开机自检和运行中的动态自检。

（　）26. 对运行中的电容器组应进行日常巡视检查，主要检查电容器的电压、电流及室温等，夏季应在室温最高时进行，其他时间可在系统电压最低时进行。

四、问答题

1. 表示交流电大小的物理量有哪些？
2. 变压器的额定值包括哪些？
3. 异步电动机的调速方法有哪些？
4. 微机保护与传统的机电型继电保护相比，具有哪些特点？
5. 电容器为什么需要放电，应如何可靠放电？

第6章 计算机应用知识

一、单选题

1. （　　）是计算机软件。
   A 中央处理器　　B 存储器　　C 数据库　　D 主板
2. 光盘属于（　　）。
   A 中央处理器　　　　　　B 存储器
   C 主板　　　　　　　　　D 输入、输出设备
3. （　　）编出的程序全是些0和1的指令代码，直观性差，还容易出错。
   A 机器语言　　B 汇编语言　　C 高级语言　　D 数据库
4. 内存条属于（　　）。
   A 中央处理器　　　　　　B 存储器
   C 主板　　　　　　　　　D 输入、输出设备
5. 文字处理软件Word属于（　　）。
   A 系统软件　　B 编程软件　　C 数据库　　D 办公软件
6. 计算机硬盘属于（　　）。
   A 中央处理器　　　　　　B 存储器
   C 主板　　　　　　　　　D 输入、输出设备
7. （　　）指可以进行文字处理、表格制作、幻灯片制作、图形图像处理、简单数据库处理等工作的软件。
   A 系统软件　　B 编程软件　　C 办公软件　　D 数据库

二、多选题

1. 计算机硬件组成有（　　）。
   A 中央处理器　　　　　　B 存储器
   C 操作系统　　　　　　　D 主板
   E 输入、输出设备
2. 计算机语言包括（　　）。
   A 操作系统　　　　　　　B 应用软件
   C 机器语言　　　　　　　D 汇编语言
   E 高级语言
3. 计算机常见的输入输出设备有（　　）。
   A 键盘　　　　　　　　　B 主板
   C 鼠标　　　　　　　　　D 显示器

E 打印机

三、判断题

（　　）1. 办公软件指可以进行文字处理、表格制作、幻灯片制作、图形图像处理、简单数据库处理等方面工作的软件。

（　　）2. 操作系统是管理和控制计算机硬件与软件资源的计算机程序，是直接运行在"裸机"上的最基本的系统软件。

（　　）3. 计算机常见的输入输出设备有键盘、主板、存储器、鼠标、显示器、投影仪、摄像头、麦克风、打印机、扫描仪等。

（　　）4. 计算机语言包括机器语言、汇编语言、高级语言。

四、问答题

1. 计算机硬件由哪些部分组成？
2. 计算机语言指什么？
3. 办公软件指什么？

第7章 可编程控制器的应用

一、单选题

1. （　　）可编程控制器的特点是结构紧凑、体积小、成本低、安装方便，缺点是输入输出点数是固定的，不一定能适合具体的控制现场的需要。
   A 整体式结构类　　B 模块式结构类　　C 大型　　D 超大型

2. 可编程控制器硬件系统不包括（　　）。
   A 主机系统　　　　　　　　　　B 输入输出扩展部件
   C 外部设备　　　　　　　　　　D 系统程序

3. 可编程控制器输入输出模块单元常用的类型不包括（　　）。
   A 开关量输入单元　　　　　　　B 开关量输出单元
   C 输入输出扩展接口　　　　　　D 模拟量输入单元

4. 可编程控制器提供的编程语言不包括（　　）。
   A 梯形图　　　B 模拟图　　　C 指令表　　　D 功能图

5. （　　）是PLC的外部设备。
   A 微处理器单元　　　　　　　　B 存储器
   C 输入输出模块单元　　　　　　D 彩色图形显示器

6. （　　）是水厂自控系统控制层。
   A PLC主站　　　　　　　　　　B 工程师站
   C WEB服务器　　　　　　　　　D 水质检测仪表

7. 水厂设备的控制模式设三级控制，其中不包含（　　）。
   A 就地　　　　　　　　　　　　B 现场PLC控制站
   C 监控中心　　　　　　　　　　D 远程局域网

8. 为保障取水泵房机组设备运行安全，应配备在线监测仪表有（　　）。
   A 浊度仪　　　B 余氯仪　　　C 压力表　　　D 氨氮仪

9. 可编程控制器的主要特点不包括（　　）。
   A 体积大，能耗高　　　　　　　B 功能强，性能价格比
   C 可靠性高，抗干扰能力强　　　D 维修工作量小，维修方便

10. （　　）是可编程控制器智能单元。
    A 开关量输入单元　　　　　　　B 开关量输出单元
    C 输入输出扩展接口　　　　　　D PID调节智能单元

11. PLC在一个扫描周期内基本上要执行的任务不包括（　　）。
    A 输入输出信息处理任务　　　　B 循环扫描任务
    C 与外部设备接口交换信息任务　D 执行用户程序任务

12. 可编程控制器提供的编程语言中使用最广泛的是（　　）。
A　梯形图　　　　B　功能块图　　　C　指令表　　　　D　功能图

13. （　　）是 PLC 的外部设备。
A　微处理器单元　　　　　　　　B　存储器
C　输入输出模块单元　　　　　　D　编程器

14. （　　）是水厂自控系统信息层。
A　工程师站　　　　　　　　　　B　PLC 主站
C　快速光纤以太网　　　　　　　D　水质检测仪表

15. （　　）是以城市地形图为背景，以供水管网的空间数据和属性数据为核心，开发出适合实际需要的供水管网管理系统，实现管网基础资料的动态管理。
A　分站监测系统　　　　　　　　B　城市管网压力实时监测系统
C　给水管网地理信息系统　　　　D　计算机局域网络

16. 二级泵站的控制内容主要是水泵的调速，以控制出水的（　　）。
A　浊度　　　　B　余氯　　　　C　压力　　　　D　氨氮

17. 整体式结构类可编程控制器的缺点是（　　）。
A　结构紧凑　　　　　　　　　　B　体积小
C　成本低　　　　　　　　　　　D　输入输出点数固定

18. （　　）是可编程控制器的核心部分。
A　微处理器单元　　　　　　　　B　存储器
C　输入输出模块单元　　　　　　D　外部设备接口

19. 可编程控制器的工作原理与计算机的工作原理是基本一致的，它通过执行（　　）来实现控制任务。
A　系统程序　　　B　用户程序　　　C　输入程序　　　D　输出程序

20. 可编程控制（　　）编程语言是从继电器控制系统原理图的基础上演变而来的，与继电器控制系统的基本思想是一致的。
A　梯形图　　　　B　指令表　　　　C　功能图　　　　D　功能块图

21. 可编程控制（　　）编程语言类似于计算机中的助记符语言，是用一个或几个容易记忆的字符来代表可编程控制器的某种操作功能。
A　梯形图　　　　B　指令表　　　　C　功能图　　　　D　功能块图

22. （　　）不是城市供水调度系统特点。
A　调度模式多样　　　　　　　　B　地域范围广
C　实时性低　　　　　　　　　　D　现场环境复杂

23. 水厂自控系统三层结构不包含（　　）。
A　信息层　　　　B　控制层　　　　C　设备层　　　　D　网络层

24. （　　）是水厂设备层。
A　工程师站　　　　　　　　　　B　PLC 主站
C　快速光纤以太网　　　　　　　D　水质检测仪表

二、多选题

1. 可编程控制器的主要特点有（　　）。
   A 编程方法简单易学　　　　　　B 功能强，性能价格比高
   C 可靠性高，抗干扰能力强　　　D 维修工作量小，维修方便
   E 体积大，能耗高

2. 可编程控制器输入输出模块单元常用的类型有（　　）。
   A 开关量输入单元　　　　　　　B 开关量输出单元
   C 输入输出扩展接口　　　　　　D 模拟量输入单元
   E 模拟量输出单元

3. PLC 在一个扫描周期内基本上要执行的任务有（　　）。
   A 运行监控任务　　　　　　　　B 循环扫描任务
   C 与外部设备接口交换信息任务　D 执行用户程序任务
   E 输入输出信息处理任务

4. 可编程控制器提供的编程语言通常有（　　）。
   A 梯形图　　　　　　　　　　　B 原理图
   C 指令表　　　　　　　　　　　D 功能图
   E 模拟图

5. 可编程控制器在调度系统中可以用来完成（　　）。
   A 独立建立给水管网地理信息系统　B 数据采集
   C 现场设备监控　　　　　　　　　D 数据通信
   E 图像处理

三、判断题

（　　）1. 通常从组成结构形式上将这些 PLC 分为两类：一类是一体化整体式 PLC，另一类是模块式结构化的 PLC。

（　　）2. PLC 的中断源有优先顺序，一般无嵌套关系，只有在原中断处理程序结束后，再进行新的中断处理。

（　　）3. 水厂自动化系统为以 PLC 控制为基础的集散型控制系统。设备的软硬件及系统配置按现场有人值守，水厂监控中心分散管理运行的标准设计。

（　　）4. 在自动运行方式时，反冲洗 PLC 现场站接受每格滤池子站发出的反冲洗申请信号按先进后出，后进先出的原则对每格滤池执行反冲洗。

（　　）5. PLC 提供的编程语言通常有以下几种：梯形图、指令表、功能图和功能块图。

（　　）6. 微处理器单元是 PLC 存放系统程序、用户程序和运行数据的单元，它包括只读存储器（ROM）和随机存取存储器（RAM）。

（　　）7. 城市供水调度系统具有调度模式多样、地域范围广、实时性高、现场环境复杂等特点。

（　　）8. 原水检测仪表，包括浊度、余氯、电导、压力、COD、氨氮、温度等。

（　　）9. 为了适应不同工业生产过程的应用要求，可以根据体积大小，将可编程控制器分为超小（微）、小、中、大、超大等5种类型。

（　　）10. 可编程控制器硬件系统由主机系统、输入输出扩展部件及外部设备组成。

（　　）11. 可编程控制器的中断源有优先顺序，一般无嵌套关系，只有在原中断处理程序结束后，再进行新的中断处理。

（　　）12. 为实现城市管网压力实时监测系统，在各制水厂、水源厂、加压站建成厂内计算机监测系统，以实现厂级调度。

（　　）13. 原水检测仪表，包括浊度、溶解氧、电导、pH值、COD、氨氮、温度等。

四、问答题

1. 简述可编程控制器的定义。
2. 可编程控制器的主要特点是什么？
3. PLC提供的编程语言通常有哪几种？
4. 供水调度系统的功能应该包括几个部分？
5. 简要叙述滤池控制系统的任务。

第8章 供水调度专业知识

一、单选题

1. 调度是指在生产活动中对整个过程的( )，是实现生产控制的重要手段。
   A 指挥　　　　B 看护　　　　C 回顾　　　　D 追溯

2. 随着生产过程自动化控制水平的不断提高，部分城市由中心调度直接全面控制生产，即( )模式。
   A 三级调度　　B 二级调度　　C 一级调度　　D 总体调度

3. 供水系统所包含的设备、工艺较多，调度需要管理和调配供水系统包含的所有对象，故影响调度指挥的因素非常多，主要包括( )。
   ①地位因素；②素质因素；③设备因素
   A ①②　　　　B ①②③　　　C ①③　　　　D ②③

4. 总水头等压线的疏密程度可以反映管道的用水负荷高低，等压线密的管道负荷( )。
   A 大　　　　　B 小　　　　　C 不好确定　　D 时大时小

5. 设水压合格率为 A，水压合格次数为 n，检测次数为 m，则水压合格率 A 的计算公式为( )。
   A $A=m/n$　　B $A=m \cdot n$　　C $A=n/m$　　D $A=1-n/m$

6. 设平均水压值为 P，水压值总和为 A，总检测次数为 n，则平均水压值 P 的计算公式为( )。
   A $P=n/A$　　B $P=A/n$　　C $P=A \cdot n$　　D $P=A-n$

7. 设日变化系数为 K，最高日用水量为 Q，平均日用水量 Q_1，则日变化系数 K 的计算公式为( )。
   A $K=Q/Q_1$　B $K=Q \cdot Q_1$　C $K=Q_1/Q$　D $K=Q/Q_1-1$

8. 日变化系数值实质上显示了一定时期内( )。
   A 用水量变化数值的大小，反映了用水量的不均匀程度
   B 用水量变化幅度的大小，反映了用水量的不均匀程度
   C 用水量变化数值的大小，反映了用水量的均匀程度
   D 用水量变化幅度的大小，反映了用水量的增减程度

9. 设时变化系数为 K，最高时用水量为 Q，平均时用水量为 Q_1，则时变化系数 K 的计算公式为( )。
   A $K=Q \cdot Q_1$　B $K=Q/Q_1$　C $K=Q_1/Q$　D $K=Q/Q_1-1$

10. 提高管网服务压力可以采取建设带水库的增压泵站的措施。利用水库在( )。
    A 用水低峰时段存储水量，高峰时供向管网

B 用水高峰时段存储水量，高峰时供向管网
C 用水低峰时段存储水量，低峰时供向管网
D 用水高峰时段存储水量，低峰时供向管网

11. 提高管网服务压力可以采取对老旧城区、供水低压区原有的旧管道进行改造，（　　）、增强互连互通的措施。
　　A 减少管线、减少管径　　　　　　B 增设管线、增大管径
　　C 减小管线、增大管径　　　　　　D 增设管线、减小管径

12. 原水调度的原则是（　　）。
　　A 按需供水、合理调配　　　　　　B 产供平衡、降低成本
　　C 均衡压力、减少跑、漏　　　　　D 错峰调蓄、平衡压力

13. 原水调度是指（　　）。
　　A 同一水厂采用一路及以上水源进行生产时，对不同水源水量、水质的调配
　　B 同一水厂采用两路及以上水源进行生产时，对不同水源水量、水质的调配
　　C 同一水厂采用两路及以上水源进行生产时，对不同水源水量的调配
　　D 同一水厂采用两路水源进行生产时，对不同水源水量、水质的调配

14. 水厂调度的原则是（　　）。
　　A 按需供水、合理调配　　　　　　B 产供平衡、降低成本
　　C 均衡压力、减少跑、漏　　　　　D 错峰调蓄、平衡压力

15. 管网调度的原则是（　　）。
　　A 按需供水、合理调配　　　　　　B 产供平衡、降低成本
　　C 均衡压力、减少跑、漏　　　　　D 错峰调蓄、平衡压力

16. 减少跑、漏是（　　）损漏率的主要手段之一。
　　A 增加　　　　B 维持　　　　C 改变　　　　D 降低

17. 站库调度的原则是（　　）。
　　A 按需供水、合理调配　　　　　　B 产供平衡、降低成本
　　C 均衡压力、减少跑、漏　　　　　D 错峰调蓄、平衡压力

18. 中心调度的原则是供需平衡，经济运行。供需平衡是动态变化的，管网压力也是实时波动的，由于是根据压力波动进行水厂台时调度，中心调度指令存在一定的（　　）。
　　A 滞后性　　　B 及时性　　　C 稳定性　　　D 安全性

19. 原水调度的职责主要包括（　　）。
①了解水源水文信息；②监测原水水质；③确保原水供水机泵运行正常；④掌握水厂原水需水情况，根据原水水质调节不同水源的取水量
　　A ①②④　　　B ①③④　　　C ①②③　　　D ①②③④

20. 水厂调度的职责主要包括（　　）。
①监控各工艺环节的生产，确保沉淀池、滤池、清水池等各工艺点出水水质合格；
②掌握水厂停电、断矾、水质异常等情况的应急预案，出现紧急情况应能熟练处理；
③根据中心调度指令调节供水量，合理控制水厂生产的电耗、矾耗和消毒剂用量等
　　A ①②　　　　B ①③　　　　C ①②③　　　D ②③

21. 监控各工艺环节的生产，确保沉淀池、滤池、清水池等各工艺点出水水质合格，

这是( )的职责。
A 水厂调度　　　B 站库调度　　　C 原水调度　　　D 中心调度

22. 管网调度的职责主要包括( )。
①分析管网实时等水压线、等水头线；②寻找管网压力不合理区域、流速不经济管段；③制定合理方案，对管网相关阀门进行调整
A ①②　　　　B ①②③　　　　C ①③　　　　D ②③

23. 站库调度的职责主要包括( )。
①监控区域增压站和小区二次供水增压站机泵运行状态，确保各机泵运行良好；②监控增压站进出水压力、流量、水质和水库水位等数据，完成各项生产指标等；③分析管网实时等水压线、等水头线
A ①②　　　　B ①②③　　　　C ①③　　　　D ②③

24. 监控区域增压站和小区二次供水增压站机泵运行状态，确保各机泵运行良好，这是( )的职责。
A 管网调度　　　B 站库调度　　　C 原水调度　　　D 中心调度

25. 中心调度的职责主要包括( )。
①监视水厂、增压站供水机泵状态、进出水压力、流量、水质等数据，了解水厂、增压站生产状况；
②监控管网各测压点水压，充分发挥水厂、增压站的供水能力，合理调配水厂、增压站台时和频率，使供水系统在最经济合理的状态下运行；
③制定合理的供水方案，配合、协调水厂、增压站及管道工程的实施；
④熟悉管网供水应急预案，合理处置突发供水事件
A ①②③　　　B ②③④　　　C ①②③④　　　D ①③④

26. 合理调配水厂、增压站台时和频率，使供水系统在最经济合理的状态下运行，这是( )的职责。
A 管网调度　　　B 站库调度　　　C 原水调度　　　D 中心调度

27. 原水泵房的调度运行应注意的是( )。
①取水泵房水量宜稳定，应根据清水池水位，并结合净水构筑处理能力合理调度水泵运行；
②取水水位变幅较大时，宜采用水泵调速技术，使水泵运行在高效区；
③定期巡视电机水泵运行状态，确保机组运行正常，遇到机组出现异常，及时停泵
A ①②　　　　B ①②③　　　　C ①③　　　　D ②③

28. 固定式取水口的调度运行应注意的是( )。
①取水口应设有格栅，应定时检查；当有杂物时，应及时进行清除处理；
②当清除格栅污物时，应有充分的安全防护措施，操作人员不得少于2人；
③当测定水位低于常值时，需对泵房流量进行校对，若流量低于设计值，可调整运行水泵，必要时启动新水泵；若启动变频水泵，则需记录变频泵频率，校核水泵是否处于高效区；
④取水口应按规定进行巡视
A ①②③　　　B ②③④　　　C ①②③④　　　D ①③④

29. 下列关于自然预沉淀的调度运行描述不正确的有( )条。
①正常水位控制应保持高负荷运行，运行水泵或机组记录运行开始时间；
②高寒地区在冰冻期间应根据本地区的具体情况制定水位控制标准和防冰凌措施；
③应根据原水水质、预沉池的容积及沉淀情况确定适宜的排泥频率，并遵照执行
A 1　　　　　　　B 2　　　　　　　C 3　　　　　　　D 0

30. 混合的调度运行应注意的是( )。
①混合宜控制好 GT 值，当采用机械混合时，GT 值应在供水厂搅拌试验指导基础下确定；
②当采用高分子絮凝剂预处理高浑浊度水时，混合不宜过分急剧；
③混合设施与后续处理构筑物的距离应靠近，并采用直接连接方式，混合后进入絮凝，最长时间不宜超过 2min
A ①②　　　　　B ①③　　　　　C ①②③　　　　D ②③

31. 絮凝的调度运行应注意的是( )。
①当初次运行隔板、折板絮凝池时，进水速度不宜过大；
②定时监测絮凝池出口絮凝效果，做到絮凝后水体中的颗粒与水分离度大、絮体大小均匀、絮体大而密实；
③絮凝池宜在 GT 值设计范围内运行；
④定期监测积泥情况，并避免絮粒在絮凝池中沉淀；当难以避免时，应采取相应排泥措施
A ①②④　　　　B ①③④　　　　C ①②③　　　　D ①②③④

32. 平流式沉淀池的调度运行应注意的是( )。
①平流式沉淀池必须严格控制运行水位，防止沉淀池出水淹没出水槽现象产生；
②平流式沉淀池必须做好排泥工作，采用排泥车排泥时，排泥周期根据原水浊度和排泥水浊度确定，沉淀池前段宜加强排泥；
③平流式沉淀池的停止和启用操作应尽可能减少滤前水的浊度的波动；
④藻类繁殖旺盛时期，应采取投氯或其他有效除藻措施，防止滤池阻塞，提高混凝效果
A ①②③　　　　B ②③④　　　　C ①②③④　　　D ①③④

33. 普通快滤池的调度运行应注意的是( )。
①有表层冲洗的滤池表层冲洗和反冲洗间隔应一致；
②冲洗滤池时，排水槽、排水管道应畅通，不应有壅水现象；
③冲洗滤池时，冲洗水阀门应逐渐开大，高位水箱不得放空；
④用泵直接冲洗滤池时，水泵填料不得漏气
A ①②③　　　　B ②③④　　　　C ①②③④　　　D ①③④

34. 清水池水位的调度运行应注意的是( )。
①根据取水泵房和送水泵房的流量，利用清水池有效容积，合理控制水位；
②清水池必须装设液位仪，液位仪宜采用在线式液位仪连续监测；
③严禁超上限或下限水位运行
A ①②　　　　　B ①③　　　　　C ①②③　　　　D ②③

35. 消毒一般原则是( )。

①消毒剂可选用液氯、氯胺、次氯酸钠、二氧化氯等。小水量时也可使用漂白粉；

②加氯应在耗氯量试验指导下确定氯胺形式消毒还是游离氯形式消毒；

③消毒必须设置消毒效果控制点，各控制点宜实时监测，以便于调度，余氯量要达到控制点设定值；

④消毒剂加注管应保证一定的入水深度

A ①②④　　　　B ①③④　　　　C ①②③　　　　D ①②③④

36. 原水调度巡视应做到的是( )。

①在水源保护区或地表水取水口上游1000m至下游100m范围内（有潮汐的河道可适当扩大），必须依据国家有关法规和标准的规定定期进行巡视；

②在固定式取水口上游至下游适当地段应装设明显的标志牌，在有船只来往的河道，还应在取水口上装设信号灯，应定期巡视标志牌和信号灯的完好；

③取水口、预沉池和水库都应按规定定期巡视；

④原水输水管线应设专人并佩戴标志定期进行全线巡视

A ①②④　　　　B ①③④　　　　C ①②③④　　　　D ①②③

37. 水厂调度巡视应做的是( )。

①调度人员通过查看在线仪表远传数据，进行定时远程巡视，掌握水量、水质、水压的变化趋势，有预见性地进行生产调整，保证生产运行安全平稳，避免数据超标；

②调度人员对加矾间、一泵房、沉淀池、滤池、加氯间、反冲洗泵房、二泵房、变电所等设施进行定时现场巡视；

③现场巡视中，调度人员应对主要设备运行、备用状态、在线仪表工作状况和仪表参数进行全面掌握

A ①②　　　　B ①③　　　　C ①②③　　　　D ②③

38. 下列不属于站库调度巡视内容的是( )。

①巡视增压站进出水压力、进出水流量、水池水位、机泵运行状态等相关数据，确保仪器仪表测量显示准确，通信正常；

②有加氯设备的增压站，应按水厂加氯间要求巡视；

③巡视泵房内机泵，确保水泵、电机运行平稳，无异常状态，确保备用机组状态良好；

④巡视远程监控二次增压站的压力、流量、水位等仪表信号，确保数据在正常范围内；

⑤巡视调度运行数据，确保电脑显示数据与现场仪器仪表及设备相关数据一致；

⑥巡视管网压力、流量等数据，了解运行管网运行情况

A ①②⑥　　　　B ①②③⑥　　　　C ①⑥　　　　D ⑥

39. 下列不属于管网调度巡视内容的是( )。

①巡视管网压力、流量等数据，了解运行管网运行情况；

②了解现有及即将实施影响供水的管网工程情况；

③了解现有及即将实施影响供水的厂站工程情况；

④巡视管网调度计算机、网络等设备，确保数据采集正常；

⑤调度人员对加矾间、一泵房、沉淀池、滤池、加氯间、反冲洗泵房、二泵房、变电所等设施进行定时现场巡视；

⑥了解当前各水厂、增压站的台时信息，包括额定流量、频率等

A ①②⑤　　　　B ①②③④　　　　C ②③⑥　　　　D ⑤⑥

40．下列不属于中心调度巡视内容的是（　　）。

①巡视调度机房内通信、网络服务器等设备，确保通信正常；

②巡视调度运行数据，确保计算机系统采集、显示数据的正确与及时；

③了解本班次上班时间内管网、水厂等影响管网供水的工程；

④接班时了解当前各水厂、增压站的台时信息，包括额定流量、频率等；

⑤巡视泵房内机泵，确保水泵、电机运行平稳，无异常状态，确保备用机组状态良好；

⑥取水口、预沉池和水库都应按规定定期巡视

A ①②⑥　　　　B ①⑤⑥　　　　C ①②⑤　　　　D ⑤⑥

41．水厂、区域增压站跳车后的应急处理措施是（　　）。

①厂站调度人员发现故障现象后，应立即联系事发单位值班人员，确认故障情况；

②启用备用设备或已经排除故障时，厂站调度人员应立即安排恢复正常台时；不具备恢复条件或短时间无法恢复的，厂站调度员应立即采取减产调度应急措施；

③故障发生时，该厂站调度人员需将情况汇报中心调度及本厂站有关领导；

④排除故障恢复供水台时前，该厂站调度人员需报中心调度同意；

⑤影响管网水压时，中心调度值班员应及时通知有关人员，并采取应急调度措施，如：增加其他厂站供水台时，降低故障影响

A ①②③　　　　B ①②③④⑤　　　　C ①②③④　　　　D ①③④

42．输配水管道爆管的应急处理措施是（　　）。

①值班调度员发现供水管道故障，造成区域性水压下降时，立即通知有关部门及人员；

②阀门关闭前，控制好各水厂、增压站出水压力、水量和水池水位，配合抢修部门关闭闸门；

③抢修部门确定爆管位置、阀门关闭后，调度人员立即采取相应调度应急措施，降低对供水的影响；

④抢修影响水厂、增压站供水能力时，采取水厂、增压站减产调度应急措施；停水抢修影响增压站进水压力时，启用增压站水库降低影响

A ①②④　　　　B ①③④　　　　C ①②③　　　　D ①②③④

43．区域增压站出水水质异常的应急处理措施有（　　）。

①及时检查出水仪表、水库水位；

②如果是仪表故障，应根据仪表故障处理方案排除故障；

③如果是水库液位过低导致，应停止抽水库，增加抽管网水量；

④如果是来水水质超标，应及时联系中心调度，配合处理水质超标事故

A ①②③　　　　B ②③④　　　　C ①②③④　　　　D ①③④

44．下列水厂原水水质异常的应急处理措施不正确的是（　　）。

①发现原水水质异常,水厂调度应立即向水厂生产负责人和中心调度汇报,中心调度向上级有关人员汇报,并向下游其他水厂预警;

②联系海事、环保等部门,在取水口设置隔油栏等相应设备,并派专人巡视、监测;

③如果污染物已进入沉淀池、滤池,则立即采取关闭滤池、高强度反冲洗等措施;

④如果污染物已进入清水池,造成水厂减产,则采取水厂减产相应应急措施;

⑤发现问题起,加强水质检测,相应减少检测频率和检测项目

A ①②③　　　　B ⑤　　　　C ③⑤　　　　D ①③④

45. 下列水厂减、停产应急处理措施不正确的是(　　)。

①水厂调度人员发现故障现象后,应立即联系事发单位值班人员,确认故障情况;

②启用备用设备或已经排除故障时,水厂调度人员应立即安排恢复正常台时;不具备恢复条件或短时间无法恢复的,水厂调度员应立即采取水厂减产调度应急措施;

③故障发生时,该水厂调度人员需将情况汇报中心调度及本厂站有关领导;

④排除故障恢复供水台时前,该水厂调度人员先自行恢复,然后再根据情况报告中心调度;

⑤影响管网水压时,中心调度值班员应及时通知有关人员,并采取应急调度措施,增加其他水厂供水台时,补充事发水厂缺失水量,降低故障影响

A ①②③　　　　B ④　　　　C ①②③④　　　　D ①③④

46. 下列造成水厂减、停产的主要原因描述不正确的是(　　)。

①二泵房机泵、变频器设备突发故障;

②水厂供电线路、变电所设备故障影响二泵房供电;

③其他因素造成二泵房在用机泵突然跳闸;

④水厂照明电路、设备故障

A ①②　　　　B ②④　　　　C ④　　　　D ②③

47. 根据自来水的生产过程,供水调度可分为原水调度、(　　)、管网调度和站库调度。

A 生产调度　　　B 水厂调度　　　C 水库调度　　　D 抢修调度

48. 由中心调度总体指挥,下一级原水调度、水厂调度、管网调度、站库调度具体操作实施,这样的调度模式是(　　)。

A 一级调度　　　B 二级调度　　　C 三级调度　　　D 四级调度

49. 调度人员的素质水平是影响调度的主要因素之一,提高调度人员的素质水平,可从(　　)方面入手。

①专业化;②年轻化;③规范化;④考核化

A ①②④　　　　B ①③④　　　　C ①②③④　　　　D ①②③

50. 总水头等压线的疏密程度可以反映管道的用水负荷高低,等压线密的管道可能存在(　　)等情况。

①设计管径偏小;②管道漏水、阻塞;③阀门未开足

A ①②　　　　B ①②③　　　　C ①③　　　　D ②③

51. 设水压合格率为 A,水压合格次数为 n,检测次数为 m,则水压合格次数 n 为(　　)。

A $n=m/A$ B $n=m \cdot A$ C $n=A/m$ D $n=m \cdot (1-A)$

52. 设平均水压值为 P，水压值总和为 A，总检测次数为 n，水压值总和 A 为（ ）。
A $A=n/P$ B $A=P/n$ C $A=P \cdot n$ D $A=P-n$

53. 设日变化系数为 K，最高日用水量为 Q，平均日用水量 Q_1，则最高日用水量 Q 为（ ）。
A $Q=Q_1/K$ B $Q=Q_1/(K-1)$
C $Q=Q_1 \cdot (K-1)$ D $Q=Q_1 \cdot K$

54. 时变化系数实际上表示了一日内（ ）。
A 用水量变化数值的大小，反映了用水量的不均匀程度
B 用水量变化数值的大小，反映了用水量的均匀程度
C 用水量变化幅度的大小，反映了用水量的不均匀程度
D 用水量变化幅度的大小，反映了用水量的增减程度

55. 提高管网服务压力可以发挥带水库的增压泵站的优势，利用水库在用水（ ）。
A 高峰时段存储水量，低峰时供向管网
B 高峰时段存储水量，高峰时供向管网
C 低峰时段存储水量，低峰时供向管网
D 低峰时段存储水量，高峰时供向管网

56. 在《城镇供水厂运行、维护及安全技术规程》CJJ 58—2009 中规定，供水管网末梢压力不应低于（ ）m。
A 5   B 10   C 14   D 20

57. 管网测压点的布置，一般应遵循的原则是（ ）。
①测压点应设置在能代表其监控面积压力的管径上；
②应在水厂主供水方向、管网用水集中区域、敏感区域以及管网末梢设置测压点；
③测压点应设置在管径尽可能小的管道上；
④一个测压点监控面积应不超过 $5 \sim 10 \text{km}^2$，一个供水区域设置测压点不应少于 3 个
A ①②④   B ①③④   C ①②③   D ①②③④

58. 管网测流点的布置，一般应遵循的原则是（ ）。
①选择测流点位时，尽可能选在主要干管节点附近的直管上，有时为了掌握某区域的供水情况，作为管网改造的依据，也在支管上设测流孔；
②要求测点尽量靠近管网节点位置，但要距闸门、三通、弯头等管件有 30～50 倍直径的距离，以保证管内流态的稳定和测数的准确性；
③选点位置需便于测试人员操作，且不影响交通
A ①②③   B ①②   C ①③   D ②③

59. 下列移动式取水口的调度运行描述不正确的是（ ）。
①汛期应了解上游汛情，检查地表水取水口构筑物的完好情况，防止洪水危害和污染；
②冬季结冰的地表水取水口应有防结冰措施及解冻时防冰凌冲撞措施；
③应加设防护桩并装设信号灯或其他形式的明显标志，不定期巡视；
④在杂草旺盛季节，应设专人及时清理取水口

A ①②④ B ①③④ C ③ D ③④

60. 原水输水管线的调度运行应注意的是( )。
①严禁在管线上圈、压、埋、占；沿线不应有跑、冒、外溢现象；
②承压输水管线应在规定的压力范围内运行，沿途管线宜装设压力检测设施进行监测；
③原水输送过程中不得受到环境水体污染，发现问题应及时查明原因并采取措施；
④根据当地水源情况，可采取适当的措施防止水中生物生长；
⑤可以不用设专人并佩戴标志定期进行全线巡视

A ①②④ B ①②③④ C ①③④ D ①②③④⑤

61. 混凝剂采用压力式投加应注意的是( )。
①采用手动方式应根据絮凝、沉淀效果及时调节；
②定期清洗泵前过滤器和加药泵或计量泵；
③更换药液前，尽量要清洗泵体和管道；
④各种形式的投加工艺均应配置计量器具，并定期进行检定；
⑤当需要投加助凝剂时，应根据试验确定投加量和投加点

A ①②④ B ①②③④ C ①②④⑤ D ①②③④⑤

62. 混凝剂投加时( )。
A 宜手动投加，采用吸入与重力相结合式投加，高位罐的药液进入转子流量计前，应安装恒压设施
B 宜自动投加，采用吸入与重力相结合式投加，高位罐的药液进入转子流量计前，应安装恒压设施
C 宜自动投加，采用吸入与重力相结合式投加，高位罐的药液进入转子流量计前，应安装恒流设施
D 宜手动投加，采用吸入与重力相结合式投加，高位罐的药液进入转子流量计前，应安装恒流设施

63. 生物预处理（生物接触氧化）的调度运行应注意的是( )。
①生物预处理池进水浑浊度不宜高于100NTU；
②生物预处理池出水溶解氧应在2.0mg/L以上；
③生物预处理池初期挂膜时水力负荷应减半；
④生物预处理池应观察水体中填料的状态是否有水生物生长；
⑤运行时应对原水水质及出水水质进行检测

A ①②③④ B ②③④⑤ C ①②④⑤ D ①②③④⑤

64. 自然预沉淀的调度运行应注意的是( )。
①正常水位控制应保持经济运行，运行水泵或机组记录运行起止时间；
②高寒地区在冰冻期间应根据本地区的具体情况制定水位控制标准和防冰凌措施；
③应根据原水水质、预沉池的容积及沉淀情况确定适宜的排泥频率，并遵照执行

A ①② B ①②③ C ①③ D ②③

65. 臭氧接触池的调度运行应注意的是( )。
①氧化剂应主要采用氯气、臭氧、高锰酸钾、二氧化氯等；

②所有与氧化剂或溶解氧化剂的水体接触的材料尽量耐氧化腐蚀；
③预氧化处理过程中氧化剂的投加点和加注量应根据原水水质状况并结合试验确定，但必须保证有足够的接触时间

A ①②　　　　B ②③　　　　C ①③　　　　D ①②③

66. 预臭氧接触池的调度运行应注意的是( )。
①应定期清洗；
②当接触池人孔盖开启后重新关闭时，应及时检查法兰密封圈是否破损或老化，当发现破损或老化应及时更换；
③臭氧投加量应根据实验确定；
④接触池出水端应设置水中余臭氧监测仪

A ①②③④　　B ①③④　　　C ①②③　　　D ①②④

67. 下列有关混合的调度运行描述不正确的是( )。
①混合宜控制好 GT 值，当采用机械混合时，GT 值应在供水厂搅拌试验指导基础下确定；
②当采用高分子絮凝剂预处理高浑浊度水时，混合宜快速急剧；
③混合设施与后续处理构筑物的距离应靠近，并采用直接连接方式，混合后进入絮凝，最长时间不宜超过 20min

A ①②　　　　B ①③　　　　C ①②③　　　D ②③

68. 下列有关絮凝的调度运行描述不正确的是( )。
①当初次运行隔板、折板絮凝池时，进水速度尽量大；
②定时监测絮凝池出口絮凝效果，做到絮凝后水体中的颗粒与水分离度大、絮体大小均匀、絮体大而密实；
③絮凝池宜在 GT 值设计范围内运行；
④定期监测积泥情况，并避免絮粒在絮凝池中沉淀；当难以避免时，应采取相应排泥措施

A ①②④　　　B ①③④　　　C ①　　　　　D ①③

69. 下列关于平流式沉淀池的调度运行描述不正确的是( )。
①平流式沉淀池应控制运行水位，尽可能让沉淀池出水淹没出水槽现象产生；
②平流式沉淀池必须做好排泥工作，采用排泥车排泥时，排泥周期根据原水浊度和排泥水浊度确定，沉淀池前段宜加强排泥；
③平流式沉淀池的停止和启用操作应尽可能减少滤前水的浊度的波动；
④藻类繁殖旺盛时期，应采取投氯或其他有效除藻措施，防止滤池阻塞，提高混凝效果

A ①　　　　　B ②③④　　　C ①②③④　　D ①③④

70. 平流式沉淀池必须做好排泥工作，采用排泥车排泥时，排泥周期根据原水浊度和( )浊度确定，沉淀池前段宜加强排泥。采用其他形式排泥的，可依具体情况确定。

A 滤后水　　　B 排泥水　　　C 出厂水　　　D 沉淀水

71. 斜管、斜板沉淀池的调度运行应注意的是( )。
①必须做好排泥工作，保持排泥阀的完好、灵活，排泥管道的畅通。排泥周期根据原

水浊度和出厂水浊度确定；

②启用斜管（板）时，初始的上升流速应缓慢，防止斜管（板）漂起；

③斜管（板）表面及斜管管内沉积产生的絮体泥渣应定期进行清洗；

④斜管、斜板沉淀池的出口应设质量控制点；

⑤斜管、斜板沉淀池出水浑浊度指标宜控制在3NTU以下

A ①②③④　　　B ②③④⑤　　　C ①②④⑤　　　D ①②③④⑤

72. 机械搅拌澄清池短时间停运期间（　　）。

A 搅拌叶轮应继续低速运行；恢复运行时应适当增加加药量

B 搅拌叶轮应继续高速运行；恢复运行时应适当增加加药量

C 搅拌叶轮应继续低速运行；恢复运行时应适当减少加药量

D 搅拌叶轮应继续高速运行；恢复运行时应适当减少加药量

73. 机械搅拌澄清池运行时应采取的运行方式是（　　）。

A 宜超负荷运行；机械搅拌澄清池的出口应设质量控制点

B 不宜超负荷运行；机械搅拌澄清池的进口应设质量控制点

C 不宜超负荷运行；机械搅拌澄清池的出口应设质量控制点

D 宜超负荷运行；机械搅拌澄清池的进口应设质量控制点

74. 脉冲澄清池初始运行时，（　　）。

A 当出水浑浊度基本达标后，方可逐步增加加药量直到正常值。当出水浑浊度基本达标后，应适当提高冲放比至正常值

B 当出水浑浊度基本达标后，方可逐步减少加药量直到正常值。当出水浑浊度基本达标后，应适当提高冲放比至正常值

C 当出水浑浊度基本达标后，方可逐步减少加药量直到正常值。当出水浑浊度基本达标后，应适当降低冲放比至正常值

D 当出水浑浊度基本达标后，方可逐步增加加药量直到正常值。当出水浑浊度基本达标后，应适当降低冲放比至正常值

75. 水力循环澄清池的运行应注意的是（　　）。

①水力循环澄清池不宜连续运行；

②水力循环澄清池正常运行时，水量应稳定在设计范围内，并应保持喉管下部喇叭口处的真空度，且保证适量污泥回流；

③短时间停运后恢复投运时，应先开启底阀排除少量积泥

A ①②　　　B ①③　　　C ①②③　　　D ②③

76. 滤池应在过滤后设置质量控制点，滤后水浑浊度应（　　）。

A 小于设定目标值。滤池初用或冲洗后上水时，池中的水位不得低于排水槽，严禁暴露砂层

B 大于设定目标值。滤池初用或冲洗后上水时，池中的水位不得高于排水槽，严禁暴露砂层

C 大于设定目标值。滤池初用或冲洗后上水时，池中的水位不得低于排水槽，严禁暴露砂层

D 小于设定目标值。滤池初用或冲洗后上水时，池中的水位不得高于排水槽，严禁

暴露砂层

77. V形滤池（汽水冲洗滤池）的运行应注意的是（　　）。
①滤速宜为10m/h以下；
②反冲洗周期应根据水头损失、滤后水浑浊度、运行时间确定；
③当滤池停用一周以上恢复时，必须进行有效的消毒、反冲洗后方可重新启用；
④滤池初用或冲洗后上水时，可以暴露砂层
A　①②③④　　　B　①③④　　　C　①②③　　　D　①②④

78. 活性炭滤池的调度运行应注意的是（　　）。
①活性炭滤池冲洗水宜采用活性炭滤池的滤后水作为冲洗水源；
②冲洗活性炭滤池时，排水阀门应处于全开状态，且排水槽、排水管道应畅通，不应有壅水现象；
③用高位水箱供冲洗水时，高位水箱不得放空；
④用泵直接冲洗活性炭滤池时，水泵填料不得漏气
A　①②③④　　　B　①③④　　　C　①②③　　　D　①②④

79. 臭氧发生系统的调度运行应注意的是（　　）。
①臭氧发生系统的操作运行必须由经过严格专业培训的人员进行；
②臭氧发生系统的操作运行必须严格按照设备供货商提供的操作手册中规定的步骤进行；
③当设备发生重大安全故障时，可不关闭整个设备系统，继续运行
A　①②③　　　B　①②　　　C　①③　　　D　②③

80. 操作人员应定期观察臭氧发生器运行过程中的臭氧供气（　　），并做好记录。
A　压力、温度　　　　　　B　压力、温度、浓度
C　温度、浓度　　　　　　D　压力、浓度

81. 臭氧发生器气源系统的操作运行应按臭氧发生器操作手册所规定的程序进行，操作人员应定期观察供气的（　　）是否正常。
A　压力和沸点　　B　压力和熔点　　C　压力和露点　　D　熔点和沸点

82. 臭氧发生器气源系统由供水厂自行管理的现场制氧气源系统在运行过程中，生产人员应定期观察风机和泵组的（　　）。
①进气压力和温度；②出气压力和温度；③油位以及振动值
A　①②　　　B　①③　　　C　①②③　　　D　②③

83. 臭氧尾气消除装置应包括（　　）。
①尾气输送管；②尾气中臭氧浓度监测仪；③尾气除湿器；④抽气风机；⑤剩余臭氧消除器；⑥排放气体臭氧浓度监测仪及报警设备
A　①②③④⑤⑥　　B　①②③④⑤　　C　①②③④⑥　　D　①②③⑤⑥

84. 下列关于清水池水位的调度运行描述不正确的是（　　）。
①根据取水泵房和送水泵房的流量，利用清水池有效容积，合理控制水位；
②清水池可不装设液位仪，如装设则液位仪宜采用在线式液位仪连续监测；
③严禁超上限或下限水位运行
A　①②　　　B　①③　　　C　①②③　　　D　②

85. 清水池卫生防护应做到的是（　　）。
①清水池顶不得堆放污染水质的物品和杂物；
②清水池顶种植植物时，严禁施放各种肥料；
③清水池应定期排空清洗，清洗完毕经消毒合格后，方能蓄水。清洗人员无须持有健康证；
④应定期检查清水池结构，确保清水池无渗漏
　　A　①②③④　　B　①③④　　C　①②③　　D　①②④

86. 设有斜管、斜板的浓缩池，初始进水（　　）。
　　A　速度或上升流速应快速。浓缩池长期停用时，应将浓缩池放空
　　B　速度或上升流速应缓慢。浓缩池长期停用时，应将浓缩池放空
　　C　速度或上升流速应快速。浓缩池长期停用时，应将浓缩池蓄满
　　D　速度或上升流速应缓慢。浓缩池长期停用时，应将浓缩池蓄满

87. 当污泥脱水设备停运间隔超过24h时，应对（　　）进行清洗。
①脱水设备与泥接触的部件；②输泥管路；③加药管线和设备
　　A　①②　　B　①③　　C　①②③　　D　②③

88. 操作人员应定期观察污泥脱水设备运行过程中（　　）是否正常，并做好记录。
①进泥浓度；②出泥干固率；③加药量、加药浓度；④分离水的悬浮物的浓度以及各种设备的状态
　　A　①②③④　　B　①③④　　C　①②③　　D　①②④

89. 消毒剂可选用（　　）。
①液氯；②氯胺；③次氯酸钠；④二氧化氯等
　　A　①②③　　B　②③④　　C　①②③④　　D　①③④

90. 小水量时，消毒可以使用的消毒剂有（　　）
　　A　液氯、漂白粉　　　　　　B　聚合硫酸铁、漂白粉
　　C　硫酸亚铁、氯胺　　　　　D　硫酸铝、次氯酸钠

91. 液氯消毒运行应注意的是（　　）。
①液氯的气化应根据水厂实际用氯量情况选用合适、安全的气化方式；
②电热蒸发器工作时（将氯瓶中的液态氯注入蒸发器内使其气化），水（油）箱内的温度应控制在安全范围；蒸发器维护按产品维护手册要求执行；
③加氯的所有设备、管道必须用防氯气腐蚀的材料；
④加氯设备（包括加氯系统和仪器仪表等）应按该设备的操作手册（规程）进行操作
　　A　①②④　　B　①③④　　C　①②③　　D　①②③④

92. 采用次氯酸钠时应注意是（　　）。
①应选择能保证质量及供货量的供应商；
②次氯酸钠的运输一般要求有危险品运输资质的单位承担；
③储存设施可配置可靠的液位显示装置，也可不配置；
④次氯酸钠储存量一般控制5～7天的用量；
⑤投加次氯酸钠的所有设备、管道必须采用耐次氯酸钠腐蚀的材料
　　A　①②④　　B　①④⑤　　C　①③④　　D　①②③④⑤

93. 以下次氯酸钠消毒运行说法正确的是（　　）。
①采用高位罐加转子流量计时，高位罐的药液进入转子流量计前，应配装恒压装置。定期对转子流量计计量管清洗；
②采用压力投加时，尽量定期清洗加药泵或计量泵；
③次氯酸钠加注时应配置计量器具，计量器具应定期进行检定；
④应每年测定次氯酸钠的含氯浓度，作为调节加注量的依据

A　①②④　　　　B　①③　　　　C　①③④　　　　D　①②③④

94. 二氧化氯消毒系统应采用包括（　　）的成套设备，并必须有相应有效的各种安全设施。

A　原料调制供应、二氧化氯发生、投加
B　原料调制供应、二氧化氯发生
C　二氧化氯发生、投加
D　原料调制供应、二氧化氯投加

95. 二氧化氯（　　）必须有良好的密封性和耐腐蚀性。

A　制备、贮备、投加设备及管道、管配件
B　贮备、投加设备及管道、管配件
C　制备、投加设备及管道、管配件
D　制备、贮备、投加设备及管道

96. 以下泄氯吸收装置运行说法正确的是（　　）。
①泄氯吸收装置应定期联动一次；
②用氯化亚铁进行还原的溶液中应有足够的铁件；
③吸收系统采用探测、报警、吸收液泵、风机联动的应先启动吸收液泵再启动风机；
④泄氯报警仪探头应保持整洁、灵敏

A　①②③　　　　B　①④　　　　C　①③④　　　　D　①②③④

97. 以下原水调度巡视说法正确的是（　　）。
①水源保护区或地表水取水口上、下游，必须依据国家有关法规和标准的规定定期进行巡视；
②应定期巡视取水口装设的标志牌和信号灯的完好；
③取水口、预沉池和水库可以不用定期巡视；
④定期巡视原水泵房的电机水泵运行状态，确保机组运行正常

A　①②③　　　　B　①④　　　　C　①②④　　　　D　①②③④

98. 水厂调度巡视应做到的是（　　）。
①调度人员通过查看在线仪表远传数据，进行定时远程巡视，掌握水量、水质、水压的变化趋势，有预见性地进行生产调整，保证生产运行安全平稳，避免数据超标；
②调度人员对加矾间、一泵房、沉淀池、滤池、加氯间、反冲洗泵房、二泵房、变电所等设施进行定时现场巡视；
③现场巡视中，调度人员应对主要设备运行、备用状态、在线仪表工作状况和仪表参数进行全面掌握

A　①②　　　　B　①③　　　　C　②③　　　　D　①②③

99. 水厂调度人员应对（　　）等设施进行定时现场巡视。
①加矾间；②一泵房；③沉淀池；④滤池；⑤加氯间；⑥反冲洗泵房；⑦二泵房；⑧变电所；⑨办公楼

A　①②③④⑤⑥⑦⑧　　　　　　B　①②③④⑤⑥⑦⑧⑨
C　①②③④⑤⑥⑦　　　　　　　D　①②③④⑤

100. 站库调度巡视应做到的是（　　）。
①巡视增压站进出水压力、进出水流量、水池水位、机泵运行状态等相关数据，确保仪器仪表测量显示准确，通信正常；
②有加氯设备的增压站，应按水厂加氯间要求巡视；
③巡视泵房内机泵，确保水泵、电机运行平稳，无异常状态，确保备用机组状态良好；
④巡视远程监控二次增压站的压力、流量、水位等仪表信号，确保数据在正常范围内；
⑤巡视调度运行数据，确保电脑显示数据与现场仪器仪表及设备相关数据一致

A　①②③　　B　①②③④⑤　　C　①②③④　　D　①③④

101. 管网调度巡视应做到的是（　　）。
①巡视管网压力、流量等数据，了解运行管网运行情况；
②了解现有及即将实施影响供水的管网工程情况；
③了解现有及即将实施影响管网供水的厂站工程情况；
④巡视管网调度计算机、网络等设备，确保数据采集正常

A　①②③　　B　①②③④　　C　②③④　　D　①③④

102. 中心调度巡视应做到的是（　　）。
①巡视调度机房内通信、网络服务器等设备，确保通信正常；
②巡视调度运行数据，确保计算机系统采集、显示数据的正确与及时；
③了解本班次上班时间内管网、水厂等影响管网供水的工程；
④接班时了解当前各水厂、增压站的台时信息，包括额定流量、频率等

A　①②④　　B　①③④　　C　①②③　　D　①②③④

103. 下列水厂、区域增压站跳车后的应急处理措施正确的是（　　）。
①厂站调度人员发现故障现象后，应立即联系事发单位值班人员，确认故障情况；
②启用备用设备或已经排除故障时，厂站调度人员应立即安排恢复正常台时；不具备恢复条件或短时间无法恢复的，厂站调度员可暂不采取措施；
③排除故障恢复供水台时前，该厂站调度人员需报中心调度同意；
④影响管网水压时，中心调度值班员应及时通知有关人员，并采取应急调度措施

A　①②④　　B　①③④　　C　①②③　　D　①②③④

104. 水厂、区域增压站跳车后，调度人员发现异常的信息来源是（　　）系统。
A　管网 GIS　　B　办公 OA　　C　调度 SCADA　　D　财务管理

105. 下列输配水管道爆管的应急处理措施中不正确的是（　　）。
①值班调度员发现供水管道故障，造成区域性水压下降时，立即通知有关部门及人员；

②阀门关闭前，控制好各水厂、增压站出水压力、水量和水池水位，配合抢修部门关闭闸门；

③抢修部门确定爆管位置、阀门关闭后，调度人员立即采取相应调度应急措施，降低对供水的影响；

④抢修影响水厂、增压站供水能力时，采取水厂、增压站减产调度应急措施；

⑤停水抢修影响增压站进水压力时，可启用增压站水库降低站前进水方向用户的影响

A ①②③⑤　　　B ⑤　　　C ①②③④　　　D ①④⑤

106. 调度 SCADA 系统监控中出现（　　）现象时，初判输配水管道发生爆管。

①水厂、区域增压站出水压力陡降，出水流量陡增；

②区域性管网水压陡降；

③水厂、区域增压站出水压力陡降，出水流量陡降

A ①　　　B ①②③　　　C ①②　　　D ②③

107. 区域增压站出水水质异常的应急处理措施有误的是（　　）。

①及时检查出水仪表、水库水位；

②如果是仪表故障，应根据仪表故障处理方案排除故障；

③如果是水库液位过低导致，应继续多抽水库，减少抽管网水量；

④如果是来水水质超标，应及时联系中心调度，配合处理水质超标事故

A ①②③　　　B ②③④　　　C ③　　　D ③④

108. 当出现某水厂水质问题时，中心调度应及时应对，统筹调度，所采取的措施不正确的是（　　）。

A 减少相邻水厂出水量，减少该水厂供水区域内区域增压站的水库使用量

B 及时联系相关水厂调度人员，了解情况

C 督促该厂检查水质超标原因

D 要求该厂采取措施控制好出厂水水质

109. 下列水厂原水水质异常的应急处理措施正确的是（　　）。

①发现原水水质异常，水厂调度应立即向水厂生产负责人和中心调度汇报，中心调度向上级有关人员汇报，并向下游其他水厂预警；

②联系海事、环保等部门，在取水口设置隔油栏等相应设备，并派专人巡视、监测；

③如果污染物已进入沉淀池、滤池，则立即采取关闭滤池、高强度反冲洗等措施；

④如果污染物已进入清水池，造成水厂减产，则采取水厂减产相应应急措施

A ①②③　　　B ①②④　　　C ①②③④　　　D ①③④

110. 水厂减、停产应急处理措施是（　　）。

①水厂调度人员发现故障现象后，应立即联系事发单位值班人员，确认故障情况；

②启用备用设备或已经排除故障时，水厂调度人员应立即安排恢复正常台时；不具备恢复条件或短时间无法恢复的，水厂调度员应立即采取水厂减产调度应急措施；

③故障发生时，该水厂调度人员需将情况汇报中心调度及本厂有关领导；

④排除故障恢复供水台时前，该水厂调度人员需报中心调度同意；

⑤影响管网水压时，中心调度值班员应及时通知有关人员，并采取应急调度措施，增加其他水厂供水台时，补充事发水厂缺失水量，降低故障影响

A ①②③　　B ①②③④⑤　　C ①②③④　　D ①③④

111. 区域增压站减、停产应急处理措施是（　　）。
①站库调度人员发现故障现象后,应立即联系事发站点值班人员,确认故障情况;
②设备故障,则启用备用设备或尽快排除故障,立即安排恢复正常台时;
③进水管故障,导致无进水时,应启用水库供水,并采取相应调度措施;
④不具备恢复条件或短时间无法恢复的,站库调度员应立即采取相应减产调度应急措施;
⑤故障发生时,该水厂调度人员需将情况汇报中心调度及有关领导;
⑥排除故障恢复供水台时前,该水厂调度人员需报中心调度同意;
⑦影响管网水压时,中心调度值班员应及时通知有关人员,并采取应急调度措施,必要时调整事发站点增压区域分界阀门,降低事发站点增压区域内对用户的不利影响

A ①②③④　　　　　　　　B ①②③④⑤
C ②③④⑤⑥　　　　　　　D ①②③④⑤⑥⑦

112. 供水调度工作对供水企业的生产供应起着（　　）作用,其工作的好坏会影响企业信誉和生产成本。

A 统帅　　B 辅助　　C 调节　　D 支持

113. 设备因素也是影响调度的主要因素之一,影响调度指挥的设备主要是（　　）。
①通信系统;②信号采集系统;③计量仪器

A ①②　　B ①②③　　C ①③　　D ②③

114. 下列有关总水头等压线的疏密程度描述正确的是（　　）。

A 等压线稀疏的管道负荷大,等压线密集的管道负荷小
B 等压线稀疏的管道负荷小,等压线密集的管道负荷大
C 等压线稀疏的管道与等压线密集的管道负荷都大
D 等压线稀疏的管道与等压线密集的管道负荷都小

115. 设水压合格率为 A,水压合格次数为 n,检测次数为 m,则检测次数 m 为（　　）。

A $m=n/A$　　B $m=n \cdot A$　　C $m=A/n$　　D $m=n/(1-A)$

116. 管网压力合格率不应低于（　　）。

A 85%　　B 97%　　C 90%　　D 100%

117. 设平均水压值为 P,水压值总和为 A,总检测次数为 n,检测次数 n 为（　　）。

A $n=P/A$　　B $n=A/P$　　C $n=P \cdot A$　　D $n=A-P$

118. 设日变化系数为 K,最高日用水量为 Q,平均日用水量 Q_1,则平均日用水量 Q_1 为（　　）。

A $Q_1=Q/K$　　　　　　　　B $Q_1=Q/(K-1)$
C $Q_1=Q \cdot (K-1)$　　　　　D $Q_1=Q \cdot K$

119. 设时变化系数为 K,最高时用水量为 Q,平均时用水量为 Q_1,则平均时用水量 Q_1 为（　　）。

A $Q_1=Q \cdot K$　　　　　　　B $Q_1=Q \cdot (K-1)$
C $Q_1=Q/K$　　　　　　　　D $Q_1=Q/(K-1)$

120. 在给排水设计规范中，满足一层楼的自由水头为10m，二层为12m，三层以上每层增加（　　）m。
A　4　　　　　　　　B　5　　　　　　　　C　10　　　　　　　D　15

121. 测压点设置时应注意，（　　）。
A　一个测压点监控面积应不超过20～30km²，一个供水区域设置测压点不应少于3个
B　一个测压点监控面积应不超过5～10km²，一个供水区域设置测压点不应少于3个
C　一个测压点监控面积应不超过20～30km²，一个供水区域设置测压点不应少于10个
D　一个测压点监控面积应不超过5～10km²，一个供水区域设置测压点不应少于10个

122. 选择测流点位时，尽可能选在（　　）。
A　主要支管节点附近的直管上　　　　B　主要干管节点附近的弯管上
C　主要干管节点附近的直管上　　　　D　主要支管节点附近的弯管上

123. 设置测流点时，一般情况在（　　），这样就可以掌握各分支管段的情况。
A　三通设两点、四通设两点　　　　　B　三通设两点、四通设三点
C　三通设三点、四通设三点　　　　　D　三通设三点、四通设四点

124. 原水泵房中多台同型号水泵并联供水时（　　）。
A　若均采用调速泵，泵的转速宜保持不同；若采用调速泵和定速泵搭配供水，调速泵的转速不宜过低
B　若均采用调速泵，泵的转速宜保持不同；若采用调速泵和定速泵搭配供水，调速泵的转速不宜过高
C　若均采用调速泵，泵的转速宜保持相同；若采用调速泵和定速泵搭配供水，调速泵的转速不宜过低
D　若均采用调速泵，泵的转速宜保持相同；若采用调速泵和定速泵搭配供水，调速泵的转速不宜过高

125. 原水泵房中多台不同型号水泵并联供水时，应根据水泵性能曲线合理调速，若采用调速泵和定速泵搭配供水，（　　）的水泵宜进行调速运行。
A　流量小、扬程高　　　　　　　　　B　流量大、扬程低
C　流量小、扬程低　　　　　　　　　D　流量大、扬程高

126. 移动式取水口的调度运行应注意的是（　　）。
①汛期应了解上游汛情，检查地表水取水口构筑物的完好情况，防止洪水危害和污染；
②冬季结冰的地表水取水口应有防结冰措施及解冻时防冰凌冲撞措施；
③应加设防护桩并装设信号灯或其他形式的明显标志，定期巡视；
④在杂草旺盛季节，应设专人及时清理取水口
A　①②④　　　　B　①③④　　　　C　①②③　　　　D　①②③④

127. 在水源保护区或地表水取水口（　　）范围内（有潮汐的河道可适当扩大），必须依据国家有关法规和标准的规定定期进行巡视。

A 上游100m至下游100m		B 上游100m至下游1000m	
C 上游1000m至下游100m		D 上游1000m至下游1000m	

128. 原水输水管线对低处装有排泥阀的管线应定期排放积泥。其排放频率应依据当地原水的含泥量而定，宜为每年(　　)次。

A 1～2　　　　B 3～5　　　　C 5～10　　　　D 10～20

129. 原水输水管线的调度运行中，承压输水管道(　　)通水时均应先检查所有排气阀、排泥阀、安全阀，正常后方可投入运行。

A 每次　　　　B 每隔两次　　　　C 每隔三次　　　　D 每隔五次

130. 混凝剂采用吸入与重力相结合式投加，高位罐的药液进入转子流量计前，应安装(　　)设施。

A 恒流　　　　B 恒压　　　　C 恒温　　　　D 恒湿

131. 生物预处理池进水浑浊度不宜高于40NTU，应以氨氮去除率大于(　　)为挂膜成功的标志。

A 50%　　　　B 70%　　　　C 90%　　　　D 100%

132. 高锰酸钾预处理池调度运行表述正确的是(　　)。

A 高锰酸钾宜投加在混凝剂投加点前，且接触时间不应低于10min
B 高锰酸钾投加量应控制在0.5～2.5mg/L。实际投加量应通过烧杯搅拌实验确定
C 高锰酸钾配制浓度应为5%～10%，且应计量投加
D 配制好的高锰酸钾溶液可以长期存放

133. 混合的调度运行正确的表述是(　　)。

A 混合宜控制好GT值，当采用机械混合时，GT值应在供水厂搅拌试验指导基础下确定
B 当采用高分子絮凝剂预处理高浑浊度水时，混合宜急剧
C 混合设施与后续处理构筑物的距离应远，并采用间接连接方式
D 混合后进入絮凝，最长时间不宜超过20min

134. 混合设施与后续处理构筑物的距离应(　　)。

A 靠近，并采用间接连接方式　　　　B 远离，并采用间接连接方式
C 远离，并采用直接连接方式　　　　D 靠近，并采用直接连接方式

135. 絮凝的调度运行不正确的表述是(　　)。

A 当初次运行隔板、折板絮凝池时，进水速度尽量大
B 定时监测絮凝池出口絮凝效果，做到絮凝后水体中的颗粒与水分离度大、絮体大小均匀、絮体大而密实
C 絮凝池宜在GT值设计范围内运行
D 定期监测积泥情况，并避免絮粒在絮凝池中沉淀；当难以避免时，应采取相应排泥措施

136. 定时监测絮凝池出口絮凝效果，做到絮凝后(　　)。

A 水体中的颗粒与水分离度大、絮体大小均匀、絮体大而密实
B 水体中的颗粒与水分离度小、絮体大小均匀、絮体大而密实
C 水体中的颗粒与水分离度大、絮体大小均匀、絮体大而松散

D 水体中的颗粒与水分离度小、絮体大小均匀、絮体大而松散

137. 平流式沉淀池必须做好排泥工作,采用排泥车排泥时,排泥周期根据( )确定,沉淀池前段宜加强排泥。采用其他形式排泥的,可依具体情况确定。

A 原水浊度和滤后水浊度   B 原水浊度和排泥水浊度
C 滤后水浊度和出厂水浊度   D 原水浊度和出厂水浊度

138. 斜管、斜板沉淀池出水浑浊度指标宜控制在( )NTU 以下。
A 3   B 5   C 10   D 15

139. 机械搅拌澄清池运行时应注意( )。
A 宜间断运行,宜超负荷运行,出口应设质量控制点
B 宜间断运行,不宜超负荷运行,进口应设质量控制点
C 宜连续运行,不宜超负荷运行,出口应设质量控制点
D 宜连续运行,不宜超负荷运行,进口应设质量控制点

140. 脉冲澄清池运行时应注意( )。
A 宜间断运行。冬季水温低时,宜用较小冲放比
B 宜间断运行。冬季水温低时,宜用较大冲放比
C 宜连续运行。冬季水温低时,宜用较大冲放比
D 宜连续运行。冬季水温低时,宜用较小冲放比

141. 水力循环澄清池短时停运后恢复投运时,应( )。
A 适当增加投药量,进水量控制在正常水量的 70%,待出水水质正常后,逐步增加到正常水量,同时减少投药量至正常投加量
B 适当减少投药量,进水量控制在正常水量的 70%,待出水水质正常后,逐步增加到正常水量,同时减少投药量至正常投加量
C 适当增加投药量,进水量控制在正常水量的 30%,待出水水质正常后,逐步增加到正常水量,同时增加投药量至正常投加量
D 适当减少投药量,进水量控制在正常水量的 50%,待出水水质正常后,逐步增加到正常水量,同时增加投药量至正常投加量

142. 普通快滤池的调度运行中,滤床的淹没水深不得小于( )m。
A 0.5   B 1   C 1.5   D 2

143. V 形滤池(汽水冲洗滤池)新装滤料后,应( )。
A 在含氯量 100mg/L 以上的溶液中浸泡 24h 消毒,并经检验滤后水合格后,冲洗两次以上方可投入使用
B 在含氯量 50mg/L 以上的溶液中浸泡 24h 消毒,并经检验滤后水合格后,冲洗五次以上方可投入使用
C 在含氯量 30mg/L 以上的溶液中浸泡 24h 消毒,并经检验滤后水合格后,冲洗两次以上方可投入使用
D 在含氯量 30mg/L 以上的溶液中浸泡 48h 消毒,并经检验滤后水合格后,冲洗五次以上方可投入使用

144. 活性炭滤池滤后水( )。
A 浑浊度不得大于 1NTU,全年的滤料损失率不应大于 10%

B 浑浊度不得大于1NTU，全年的滤料损失率不应大于30%
C 浑浊度不得大于3NTU，全年的滤料损失率不应大于20%
D 浑浊度不得大于5NTU，全年的滤料损失率不应大于30%

145. 设备运行过程中，臭氧发生器间和尾气设备间内应保持一定数量的通风设备处于工作状态；当室内环境温度大于（　　）℃时，应通过加强通风措施或开启空调设备来降温。
A 20　　　　　B 30　　　　　C 40　　　　　D 50

146. 臭氧发生器气源系统由供水厂自行管理的液氧气源系统在运行过程中，生产人员应定期观察压力容器的（　　）情况等，并做好运行记录。
①工作压力；②液位刻度；③各阀门状态；④压力容器以及管道外观
A ①②④　　　B ①③④　　　C ①②③④　　　D ①②③

147. 臭氧尾气消除装置的处理气量应与臭氧发生装置的处理气量（　　）。
A 不一致　　　　　　　　　　B 一致或不一致都可以
C 根据不同情况决定　　　　　D 一致

148. 应定时观察臭氧浓度监测仪，尾气最终排放臭氧浓度不应高于（　　）mg/L。
A 0.01　　　　B 0.1　　　　C 0.5　　　　D 1.0

149. 清水池水位的调度运行以下表述正确的是（　　）。
①根据取水泵房和送水泵房的流量，利用清水池有效容积，合理控制水位；
②清水池可不装设液位仪，如装设则液位仪宜采用在线式液位仪连续监测；
③清水池可以超上限或下限水位运行
A ①　　　　　B ①③　　　　C ①②③　　　D ②③

150. 清水池必须装设液位仪，液位仪宜采用（　　）。
A 离线式液位仪连续监测　　　B 离线式液位仪间断监测
C 在线式液位仪间断监测　　　D 在线式液位仪连续监测

151. 清水池的（　　）必须有防水质污染的防护措施。
A 检测孔、通气孔和人孔　　　B 检测孔、人孔
C 检测孔、通气孔　　　　　　D 通气孔、人孔

152. 浓缩池上清液中的悬浮固体含量（　　）。
A 不应小于预定的目标值。当达不到预定目标值时，应适当减少投药量
B 不应小于预定的目标值。当达不到预定目标值时，应适当增加投药量
C 不应大于预定的目标值。当达不到预定目标值时，应适当减少投药量
D 不应大于预定的目标值。当达不到预定目标值时，应适当增加投药量

153. 当污泥脱水设备停运间隔超过（　　）h时，应对脱水设备与泥接触的部件、输泥管路，加药管线和设备进行清洗。
A 24　　　　　B 48　　　　　C 72　　　　　D 96

154. 消毒剂可选用液氯、氯胺、次氯酸钠、二氧化氯等，小水量时也可使用（　　）。
A 明矾　　　　B 聚合氯化铝　　C 漂白粉　　　D 氯化铁

155. 消毒时应注意，（　　）。
A 采用氯胺形式消毒时接触时间不小于2h；采用游离氯形式消毒时接触时间应大

于60min

B 采用氯胺形式消毒时接触时间不小于2h；采用游离氯形式消毒时接触时间应大于30min

C 采用氯胺形式消毒时接触时间不小于5h；采用游离氯形式消毒时接触时间应大于30min

D 采用氯胺形式消毒时接触时间不小于5h；采用游离氯形式消毒时接触时间应大于60min

156. 采用真空式加氯机和水射器装置时，水射器的水压应（　　）MPa。
A 小于0.3　　B 大于0.3　　C 小于0.1　　D 大于1.0

157. 采用高位罐加转子流量计时，高位罐的药液进入转子流量计前，应配装（　　）装置。定期对转子流量计计量管（　　）。
A 恒流；疏通　　B 恒温；清洗　　C 恒压；清洗　　D 恒湿；疏通

158. 次氯酸钠宜储存在地下的设施中并加盖。当采用地面以上的设施储存时，必须有良好的（　　）设施，高温季节需采取有效的（　　）措施。
A 遮阳；冷却　　B 挡风；降温　　C 挡风；冷却　　D 遮阳；降温

159. 二氧化氯与水应充分混合，（　　）。
A 有效接触时间不少于30min，设备间内应有每小时换气8~12次的通风设施
B 有效接触时间不少于30min，设备间内应有每小时换气12~20次的通风设施
C 有效接触时间不少于90min，设备间内应有每小时换气8~12次的通风设施
D 有效接触时间不少于90min，设备间内应有每小时换气12~20次的通风设施

160. 二氧化氯制备、贮备、投加设备及管道、管配件必须有良好的（　　）。
A 密封性和耐腐蚀性　　　　　B 密封性和保温性
C 通风性和保温性　　　　　　D 保湿性和保温性

161. 泄氯吸收装置的泄氯报警仪设定值应在（　　）mg/L。
A 0.1　　B 0.5　　C 1.0　　D 2.0

162. 取水口应每（　　）h巡视一次。
A 2~4　　B 4~6　　C 8~10　　D 12~18

163. 下列水厂调度巡视描述不正确的是（　　）。

①调度人员通过查看在线仪表远传数据，进行定时远程巡视，掌握水量、水质、水压的变化趋势，有预见性地进行生产调整，保证生产运行安全平稳，避免数据超标；

②调度人员对加矾间、一泵房、沉淀池、滤池、办公楼、反冲洗泵房、二泵房、仓库等设施进行定时现场巡视；

③现场巡视中，调度人员应对主要设备运行、备用状态、在线仪表工作状况和仪表参数进行全面掌握

A ①②　　B ①③　　C ②　　D ①②③

164. 下列哪项不是管网调度需要巡视的（　　）。
A 巡视管网压力、流量等数据，了解运行管网运行情况
B 了解现有及即将实施影响供水的管网工程情况
C 巡视重要厂站内的泵房内的机泵，确保水泵、电机运行平稳

71

D　巡视管网调度计算机、网络等设备，确保数据采集正常

165．下列属于中心调度巡视内容的是（　　）。

A　巡视调度运行数据，了解供水系统运行情况

B　巡视水厂内部的变电所等重要设施

C　巡视有加氯设施的增压站的加氯间

D　巡视原水管线和取水头部

166．水厂、区域增压站跳车后的应急处理措施有错误的是（　　）。

A　厂站调度人员发现故障现象后，应立即联系事发单位值班人员，确认故障情况

B　启用备用设备或已经排除故障时，厂站调度人员应立即安排恢复正常台时；不具备恢复条件或短时间无法恢复的，厂站调度员应立即采取减产调度应急措施

C　排除故障恢复供水台时前，该厂站调度人员不需报中心调度同意，自行调整台时恢复供水

D　影响管网水压时，中心调度值班员应及时通知有关人员，并采取应急调度措施

167．水厂、区域增压站跳车后，（　　）系统是调度人员发现异常的信息来源。

A　管网 GIS　　　　B　调度 SCADA　　　C　办公 OA　　　　D　财务管理

168．调度 SCADA 系统实时采集数据出现（　　）现象时，可初判输配水管道发生爆管。

A　水厂、区域增压站出水压力突升，出水流量陡增

B　水厂、区域增压站出水压力突升，出水流量陡降

C　水厂、区域增压站出水压力突降，出水流量陡增

D　水厂、区域增压站出水压力突降，出水流量陡降

169．区域增压站出水水质异常的应急处理措施不正确的是（　　）。

A　及时检查出水仪表、水库水位

B　如果是仪表故障，应根据仪表故障处理方案排除故障

C　如果是水库液位过低导致，应继续多抽水库，减少抽管网水量

D　如果是来水水质超标，应及时联系中心调度，配合处理水质超标事故

170．当出现某水厂水质报警时，中心调度应及时联系相关水厂调度人员，督促其检查水质超标原因并控制好出厂水水质，并应（　　）。

A　减少相邻水厂出水量，减少该水厂供水区域内区域增压站的水库使用量

B　增加相邻水厂出水量，减少该水厂供水区域内区域增压站的水库使用量

C　增加相邻水厂出水量，增加该水厂供水区域内区域增压站的水库使用量

D　减少相邻水厂出水量，增加该水厂供水区域内区域增压站的水库使用量

171．水厂原水水质异常的应急处理措施描述不正确的是（　　）。

A　发现原水水质异常，水厂调度应立即向水厂生产负责人和中心调度汇报，中心调度只需备案即可

B　联系海事、环保等部门，在取水口设置隔油栏等相应设备，并派专人巡视、监测

C　如果污染物已进入沉淀池、滤池，则立即采取关闭滤池、高强度反冲洗等措施

D　如果污染物已进入清水池，造成水厂减产，则采取水厂减产相应应急措施

172．自发现原水水质异常问题起，应（　　）。

A　加强水质检测，降低检测频率和检测项目
B　减少水质检测，降低检测频率和检测项目
C　减少水质检测，增加检测频率和检测项目
D　加强水质检测，增加检测频率和检测项目

173. 造成水厂减、停产的主要原因是(　　　)。
①二泵房机泵、变频器设备突发故障；
②水厂供电线路、变电所设备故障影响二泵房供电；
③其他因素造成二泵房在用机泵突然跳闸
A　①②　　　　B　①③　　　　C　①②③　　　　D　②③

174. 区域增压站减、停产应急处理措施不正确的是(　　　)。
A　站库调度人员发现故障现象后，应立即联系事发站点值班人员，确认故障情况
B　设备故障，则启用备用设备或尽快排除故障，立即安排恢复正常台时
C　进水管故障，导致无进水时，应暂不启用水库供水
D　故障发生时，该水厂调度人员需将情况汇报中心调度及有关领导

二、多选题

1. 根据自来水的生产过程，供水调度可分为(　　　)。
A　原水调度　　　　　　　　B　水厂调度
C　管网调度　　　　　　　　D　站库调度
E　抢修调度

2. 由中心调度总体指挥，下一级(　　　)具体操作实施，这样的调度模式是二级调度。
A　生产调度　　　　　　　　B　原水调度
C　水厂调度　　　　　　　　D　管网调度
E　站库调度

3. 调度人员的素质水平是影响调度的主要因素之一，提高调度人员的素质水平，可从(　　　)几个方面入手。
A　专业化　　　　　　　　　B　年轻化
C　规范化　　　　　　　　　D　考核化
E　经验化

4. 总水头等压线的疏密程度可以反映管道的用水负荷高低，等压线密的管道可能存在(　　　)等情况。
A　设计管径偏大　　　　　　B　管道阻塞
C　阀门未开足　　　　　　　D　设计管径偏小
E　管道漏水

5. 提高管网服务压力采取的措施有(　　　)。
A　开源节流、挖潜改造、增加供水
B　合理管网布局，提高输、配水能力
C　建设中途增压站，提高末端管网水压
D　加强对采集数据的分析

E 利用水库在用水低峰时段存储水量，高峰时供向管网

6. 管网测压点的布置，一般应遵循的原则有（　　）。

A 测压点应设置在能代表其监控面积压力的管径上，比如：供水主干管、区域干管、管道交叉口等

B 应在水厂主供水方向、管网用水集中区域、敏感区域以及管网末梢设置测压点

C 一个测压点监控面积应不超过 5~10km²，一个供水区域设置测压点不应少于 3 个

D 测压点不应设置在太小的管道上，根据供水管网规模一般宜设置在 DN300、DN500 及以上的管径上

E 测压点应设置在管径尽可能小的管道上

7. 管网测流点的布置，一般应遵循的原则有（　　）。

A 要求测点尽量靠近管网节点位置，以保证管内流态的稳定和测数的准确性。

B 选择测流点位时，尽可能选在主要干管节点附近的直管上，有时为了掌握某区域的供水情况，作为管网改造的依据，也在支管上设测流孔。一般情况在三通设两点四通设三点，这样就可以掌握各分支管段的情况

C 要求测点尽量靠近管网节点位置，但要距闸门、三通、弯头等管件有 30~50 倍直径的距离，以保证管内流态的稳定和测数的准确性

D 选点位置需便于测试人员操作，且不影响交通

E 选择测流点位时，尽可能选在主要干管节点附近的弯管上，有时为了掌握某区域的供水情况，作为管网改造的依据，也在支管上设测流孔。一般情况在三通设两点四通设三点，这样就可以掌握各分支管段的情况

8. 原水泵房的调度运行中正确的有（　　）。

A 取水泵房水量宜稳定，应根据清水池水位，并结合净水构筑处理能力合理调度水泵运行

B 对取水泵房所有水泵（单台）及组合机组，试验不同集水井水位时的总扬程、流量、功率，记录在案

C 多台同型号水泵并联供水时，若均采用调速泵，泵的转速宜保持相同；若采用调速泵和定速泵搭配供水，调速泵的转速不宜过低

D 多台不同型号水泵并联供水时，应根据水泵性能曲线合理调速，若采用调速泵和定速泵搭配供水，流量大扬程高的水泵宜进行调速运行

E 定期巡视电机水泵运行状态，确保机组运行正常，遇到机组出现异常，及时停泵

9. 固定式取水口的调度运行表述正确的有（　　）

A 取水口应设有格栅，应定时检查；当有杂物时，应及时进行清除处理。必要时启动（或自动启动格栅清扫机）

B 当清除格栅污物时，应有充分的安全防护措施，操作人员不得少于 2 人

C 当测定水位低于常值时，需对泵房流量进行校对，若流量低于设计值，可调整运行水泵，必要时启动新水泵。若启动变频水泵，则需记录变频泵频率，校核水泵是否处于高效区

D 藻类杂草较多的地区应保证格栅前后的水位差不超过 0.3m

E 取水口应每（2~4）h 巡视一次，预沉池和水库应至少每 8h 巡视一次

10. 原水输水管线的调度运行应注意（　　）。

A　严禁在管线上圈、压、埋、占；沿线不应有跑、冒、外溢现象
B　承压输水管线应在规定的压力范围内运行，沿途管线宜装设压力检测设施进行监测
C　原水输送过程中不得受到环境水体污染，发现问题应及时查明原因并采取措施
D　根据当地水源情况，可采取适当的措施防止水中生物生长
E　可以不用设专人并佩戴标志定期进行全线巡视

11. 混凝剂采用压力式投加应注意（　　）。

A　采用手动方式应根据絮凝、沉淀效果及时调节
B　定期清洗泵前过滤器和加药泵或计量泵
C　更换药液前，不一定每次都清洗泵体和管道
D　各种形式的投加工艺均应配置计量器具，并定期进行检定
E　当需要投加助凝剂时，应根据试验确定投加量和投加点

12. 生物预处理（生物接触氧化）的调度运行说法正确的是（　　）。

A　生物预处理池进水浑浊度不宜高于100NTU
B　生物预处理池出水溶解氧应在2.0mg/L以上
C　生物预处理池初期挂膜时水力负荷应减半
D　生物预处理池应观察水体中填料的状态是否有水生物生长
E　运行时应对原水水质及出水水质进行检测

13. 自然预沉淀的调度运行表述正确的有（　　）。

A　正常水位控制应保持经济运行，运行水泵或机组记录运行起止时间
B　高寒地区在冰冻期间应根据本地区的具体情况制定水位控制标准和防冰凌措施
C　应根据原水水质、预沉池的容积及沉淀情况确定适宜的排泥频率，并遵照执行
D　正常水位控制应保持经济运行，运行水泵或机组尽可能每次记录运行起止时间
E　应根据原水水质、预沉池的容积确定适宜的排泥频率，并遵照执行

14. 臭氧接触池的调度运行表述正确的有（　　）。

A　氧化剂应主要采用氯气、臭氧、高锰酸钾、二氧化氯等
B　所有与氧化剂或溶解氧化剂的水体接触的材料尽量耐氧化腐蚀
C　预氧化处理过程中氧化剂的投加点和加注量应根据原水水质状况并结合试验确定，但必须保证有足够的接触时间
D　所有与氧化剂或溶解氧化剂的水体接触的材料必须耐氧化腐蚀
E　预氧化处理过程中氧化剂的投加点和加注量应根据原水水质状况并结合试验确定，尽量保证有足够的接触时间

15. 预臭氧接触池的调度运行应注意（　　）。

A　应定期清洗
B　当接触池人孔盖开启后重新关闭时，应及时检查法兰密封圈是否破损或老化，当发现破损或老化应及时更换
C　臭氧投加量应根据实验确定
D　接触池出水端应设置水中余臭氧监测仪

E 当接触池人孔盖开启后重新关闭时，不需要检查法兰密封圈是否破损或老化

16. 平流式沉淀池的调度运行正确的表述有（   ）。

A 平流式沉淀池应控制运行水位，让沉淀池出水淹没出水槽现象产生

B 平流式沉淀池必须做好排泥工作，采用排泥车排泥时，排泥周期根据原水浊度和排泥水浊度确定，沉淀池前段宜加强排泥

C 平流式沉淀池的停止和启用操作应尽可能减少滤前水的浊度的波动

D 藻类繁殖旺盛时期，应采取投氯或其他有效除藻措施，防止滤池阻塞，提高混凝效果

E 平流式沉淀池的出口应设质量控制点，浊度指标一般宜控制在3NTU以下

17. 斜管、斜板沉淀池的调度运行正确的表述有（   ）。

A 必须做好排泥工作，保持排泥阀的完好、灵活，排泥管道的畅通。排泥周期根据原水浊度和出厂水浊度确定

B 启用斜管（板）时，初始的上升流速应缓慢，防止斜管（板）漂起

C 斜管（板）表面及斜管管内沉积产生的絮体泥渣应定期进行清洗

D 斜管、斜板沉淀池的出口应设质量控制点

E 斜管、斜板沉淀池出水浑浊度指标宜控制在3NTU以下

18. 机械搅拌澄清池初始运行时表述正确的有（   ）。

A 运行水量应为正常水量的50%～70%

B 投药量应为正常运行投药量的1～2倍

C 当原水浑浊度偏低时，在投药的同时可投加石灰或黏土，或在空池进水前通过排泥管把相邻运行的澄清池内的泥浆压入空池内，然后再进原水

D 第二反应室沉降比达10%以上和澄清池出水基本达标后，方可减少加药量、增加水量

E 搅拌强度和回流提升量应逐步增加到正常值

19. 脉冲澄清池短时间停运后重新投运时表述正确的有（   ）。

A 应打开底阀，先排除少量底泥

B 恢复运行时水量不应大于正常水量的30%

C 恢复运行时，冲放比宜调节到2∶1

D 宜适当增加投药量，为正常投药量的1.5倍

E 当出水浑浊度达标后，应逐步减少投药量至正常值

20. 水力循环澄清池的运行表述正确的有（   ）。

A 水力循环澄清池不宜连续运行

B 水力循环澄清池正常运行时，水量应稳定在设计范围内，并应保持喉管下部喇叭口处的真空度，且保证适量污泥回流

C 短时间停运后恢复投运时，应先开启底阀排除少量积泥

D 水力循环澄清池正常运行时，应每2h测定1次第一反应室出口处的沉降比

E 当第一反应室出口处沉降比达到20%以上时，应及时排泥

21. 普通快滤池的调度运行表述正确的有（   ）。

A 有表层冲洗的滤池表层冲洗和反冲洗间隔应一致

B 冲洗滤池时，排水槽、排水管道应畅通，不应有壅水现象
C 冲洗滤池时，冲洗水阀门应逐渐开大，高位水箱可以放空
D 用泵直接冲洗滤池时，水泵填料不得漏气
E 滤池反冲洗周期应根据水头损失、滤后水浑浊度、运行时间确定

22. V形滤池（汽水冲洗滤池）的运行表述正确的有（　　）。

A 滤速宜为10m/h以下
B 反冲洗周期应根据水头损失、滤后水浑浊度、运行时间确定
C 当滤池停用一周以上恢复时，必须进行有效的消毒、反冲洗后方可重新启用
D 滤池初用或冲洗后上水时，可以暴露砂层
E 每年对每格滤池做滤层抽样检查，含泥量不应大于3%，否则应翻床洗砂，重新按级配装填滤料，并应记录归档

23. 活性炭滤池的调度运行表述正确的有（　　）。

A 活性炭滤池冲洗水宜采用活性炭滤池的滤后水作为冲洗水源
B 冲洗活性炭滤池时，排水阀门应处于全开状态，且排水槽、排水管道应畅通，不应有壅水现象
C 用高位水箱供冲洗水时，高位水箱不得放空
D 用泵直接冲洗活性炭滤池时，水泵填料不得漏气
E 活性炭滤池冲洗时的滤料膨胀率应控制在设计确定的范围内

24. 臭氧发生系统的调度运行表述正确的有（　　）。

A 臭氧发生系统的操作运行必须由经过严格专业培训的人员进行
B 臭氧发生系统的操作运行必须严格按照设备供货商提供的操作手册中规定的步骤进行
C 当设备发生重大安全故障时，可不关闭整个设备系统，继续运行
D 臭氧发生器启动前必须保证与其配套的供气设备、冷却设备、尾气破坏装置、监控设备等状态完好和正常，必须保持臭氧气体输送管道及接触池内的布气系统畅通
E 操作人员应定期观察臭氧发生器运行过程中的电流、电压、功率和频率，臭氧供气压力、温度、浓度，冷却水压力、温度、流量，并做好记录。同时还应定期观察室内环境氧气和臭氧浓度值，以及尾气破坏装置运行是否正常

25. 臭氧发生器气源系统的调度运行表述正确的有（　　）。

A 空气气源系统的操作运行应按臭氧发生器操作手册所规定的程序进行
B 供水厂自行采购并管理运行的氧气气源系统，必须取得使用许可证，由经专门培训并取得上岗证书的生产人员负责操作
C 供水厂自行管理的液氧气源系统在运行过程中，生产人员应定期观察压力容器的工作压力、液位刻度、各阀门状态、压力容器以及管道外观情况等，并做好运行记录
D 供水厂自行管理的现场制氧气源系统在运行过程中，生产人员应定期观察风机和泵组的进气压力和温度、出气压力和温度、油位以及振动值、压力容器的工作压力、氧气的压力、流量和浓度、各阀门状态等，并做好运行记录

E 租赁的氧气气源系统（包括液氧和现场制氧）的操作运行应由氧气供应商远程监控。供水厂生产人员不得擅自进入该设备区域进行操作

26. 臭氧尾气消除装置应包括（   ）。

A 尾气输送管

B 尾气中臭氧浓度监测仪

C 尾气除湿器

D 抽气风机、剩余臭氧消除器

E 排放气体臭氧浓度监测仪及报警设备

27. 清水池卫生防护应做到（   ）。

A 清水池顶不得堆放污染水质的物品和杂物

B 清水池顶种植植物时，严禁施放各种肥料

C 清水池应定期排空清洗，清洗完毕经消毒合格后，方能蓄水。清洗人员一般要求持有健康证

D 应定期检查清水池结构，确保清水池无渗漏

E 清水池的排空、溢流等管道严禁直接与下水道连通

28. 浓缩池（含预浓缩池）的调度运行表述正确的有（   ）。

A 浓缩池的刮泥机和排泥泵或排泥阀必须保持完好状态，排泥管道应畅通

B 设有斜管、斜板的浓缩池，初始进水速度或上升流速应快速

C 设有斜管（板）的浓缩池应定期清洗斜管（板）表面及内部沉积产生的絮体泥渣

D 浓缩池长期停用时，应将浓缩池放空

E 浓缩池上清液中的悬浮固体含量不应大于预定的目标值。当达不到预定目标值时，应适当增加投药量

29. 污泥脱水设备的调度运行表述正确的有（   ）。

A 各种脱水设备的基本运行程序应按设备制造商提供的操作手册执行

B 脱水设备运行之前应确保设备本身及其上下游设施和辅助设施处于正常状态

C 操作人员应定期观察脱水设备运行过程中进泥浓度、出泥干固率、加药量、加药浓度及分离水的悬浮物的浓度以及各种设备的状态是否正常，并做好记录

D 当脱水设备停止运行后，应对溅落到场地和设备上面的污泥进行清洗

E 当脱水设备及其辅助设备长时间处于停运状态时，应按设备制造商提供的操作手册，对设备部件及管道进行彻底清洗

30. 消毒一般原则为（   ）。

A 消毒剂可选用液氯、氯胺、次氯酸钠、二氧化氯等。小水量时也可使用漂白粉

B 加氯应在耗氯量试验指导下确定氯胺形式消毒还是游离氯形式消毒

C 消毒酌情设置消毒效果控制点

D 消毒剂加注管应保证一定的入水深度

E 加氯自动控制可根据各厂条件自行决定

31. 液氯消毒运行描述正确的有（   ）。

A 液氯的气化应根据水厂实际用氯量情况选用合适、安全的气化方式

B 电热蒸发器工作时（将氯瓶中的液态氯注入蒸发器内使其气化），水（油）箱内的

温度应控制在安全范围。蒸发器维护按产品维护手册要求执行

C 加氯的所有设备、管道必须用防氯气腐蚀的材料

D 加氯设备（包括加氯系统和仪器仪表等）应按该设备的操作手册（规程）进行操作

E 采用真空式加氯机和水射器装置时，水射器的水压应大于1.0MPa

32. 采用次氯酸钠消毒时描述正确的有（   ）。

A 应选择能保证质量及供货量的供应商

B 次氯酸钠的运输尽可能让有危险品运输资质的单位承担

C 储存设施酌情考虑是否配置液位显示装置

D 次氯酸钠储存量一般控制5～7天的用量

E 投加次氯酸钠的所有设备、管道必须采用耐次氯酸钠腐蚀的材料

33. 采用二氧化氯消毒时表述正确的有（   ）。

A 二氧化氯消毒系统应采用包括原料调制供应、二氧化氯发生、投加的成套设备，并必须有相应有效的各种安全设施

B 二氧化氯与水应充分混合，有效接触时间不少于90min

C 二氧化氯制备、贮备、投加设备及管道、管配件必须有良好的密封性和耐腐蚀性；其操作台、操作梯及地面均应有耐腐蚀的表层处理

D 设备间内应有每小时换气8～12次的通风设施，并应配备二氧化氯泄漏的检测仪和报警设施及稀释泄漏溶液的快速水冲洗设施

E 设备间不应与贮存库房毗邻

34. 以下泄氯吸收装置运行说法正确的有（   ）。

A 泄氯吸收装置应定期联动一次

B 用氯化亚铁进行还原的溶液中应有足够的铁件

C 吸收系统采用探测、报警、吸收液泵、风机联动的应先启动吸收液泵再启动风机

D 泄氯报警仪探头应保持整洁、灵敏

E 用氢氧化钠溶液中和的氢氧化钠溶液的浓度应保持在20％以上，并保证溶液不结晶结块

35. 以下原水调度巡视说法正确的有（   ）。

A 水源保护区或地表水取水口上、下游，必须依据国家有关法规和标准的规定定期进行巡视

B 应定期巡视取水口装设的标志牌和信号灯的完好

C 取水口、预沉池和水库可以不用定期巡视

D 定期巡视原水泵房的电机水泵运行状态，确保机组运行正常

E 汛期应了解上游汛情，检查地表水取水口构筑物的完好情况，防止洪水危害和污染。冬季结冰的地表水取水口应有防结冰措施及解冻时防冰凌冲撞措施

36. 水厂调度人员应对（   ）等设施进行定时现场巡视。

A 加矾间、一泵房 B 沉淀池、滤池

C 加氯间、反冲洗泵房 D 二泵房、变电所

E 办公楼、仓库

37. 站库调度巡视表述正确的有（   ）。
A 巡视增压站进出水压力、进出水流量、水池水位、机泵运行状态等相关数据，确保仪器仪表测量显示准确，通信正常
B 有加氯设备的增压站，应按水厂加氯间要求巡视
C 巡视泵房内机泵，确保水泵、电机运行平稳，无异常状态，确保备用机组状态良好
D 巡视远程监控二次增压站的压力、流量、水位等仪表信号，确保数据在正常范围内
E 巡视调度运行数据，确保电脑显示数据与现场仪器仪表及设备相关数据一致

38. 管网调度巡视应做到的有（   ）。
A 巡视管网压力、流量等数据，了解运行管网运行情况
B 了解现有及即将实施影响供水的管网工程情况
C 了解现有及即将实施影响管网供水的厂站工程情况
D 巡视管网调度计算机、网络等设备，确保数据采集正常
E 巡视重要厂站内的泵房内的机泵，确保水泵、电机运行平稳

39. 中心调度巡视应做到的有（   ）。
A 巡视调度机房内通信、网络服务器等设备，确保通信正常
B 巡视调度运行数据，确保计算机系统采集、显示数据的正确与及时
C 了解本班次上班时间内管网、水厂等影响管网供水的工程
D 巡视重要水厂内的加矾间、加氯间、变电所等重要单体运行参数情况
E 接班时了解当前各水厂、增压站的台时信息，包括额定流量、频率等

40. 水厂、区域增压站跳车后的应急处理措施有（   ）。
A 厂站调度人员发现故障现象后，应立即联系事发单位值班人员，确认故障情况
B 启用备用设备或已经排除故障时，厂站调度人员应立即安排恢复正常台时
C 不具备恢复条件或短时间无法恢复的，厂站调度员可暂不采取措施
D 排除故障恢复供水台时前，该厂站调度人员需报中心调度同意
E 影响管网水压时，中心调度值班员应及时通知有关人员，并采取应急调度措施

41. 输配水管道爆管的应急处理措施有（   ）。
A 值班调度员发现供水管道故障，造成区域性水压下降时，立即通知有关部门及人员
B 阀门关闭前，控制好各水厂、增压站出水压力、水量和水池水位，配合抢修部门关闭闸门
C 抢修部门确定爆管位置、阀门关闭后，调度人员立即采取相应调度应急措施，降低对供水的影响
D 抢修影响水厂、增压站供水能力时，采取水厂、增压站减产调度应急措施
E 停水抢修影响增压站进水压力时，可启用增压站水库降低影响

42. 水厂减、停产应急处理措施正确的有（   ）。
A 水厂调度人员发现故障现象后，应立即联系事发单位值班人员，确认故障情况
B 启用备用设备或已经排除故障时，水厂调度人员应立即安排恢复正常台时；不具

备恢复条件或短时间无法恢复的，水厂调度员应立即采取水厂减产调度应急措施

C 故障发生时，该水厂调度人员需将情况汇报中心调度及本厂有关领导

D 排除故障恢复供水台时前，该水厂调度人员需报中心调度同意

E 影响管网水压时，中心调度值班员应及时通知有关人员，并采取应急调度措施，增加其他水厂供水台时，补充事发水厂缺失水量，降低故障影响

43. 区域增压站减、停产应急处理措施正确的有（　　）。

A 站库调度人员发现故障现象后，应立即联系事发站点值班人员，确认故障情况

B 设备故障，则启用备用设备或尽快排除故障，立即安排恢复正常台时；进水管故障，导致无进水时，应启用水库供水，并采取相应调度措施

C 不具备恢复条件或短时间无法恢复的，站库调度员应立即采取相应减产调度应急措施

D 故障发生时，站库调度人员需将情况汇报中心调度及有关领导；排除故障恢复供水台时前，站库调度人员需报中心调度同意

E 影响管网水压时，中心调度值班员应及时通知有关人员，并采取应急调度措施，必要时调整事发站点增压区域分界阀门，降低事发站点增压区域内对用户的不利影响

三、判断题

（　）1. 供水系统是由水源、自来水厂、污水处理厂、输水管线、排水管线、增压泵站、仪器仪表及各类用水设施共同组成的有机整体。

（　）2. 所有城市的自来水公司都必须采用二级调度的模式进行供水。

（　）3. 供水调度的地位因素中，中心调度对下级调度的有力指挥和下级调度对中心调度的积极配合，以及下级调度对自身所辖生产的有序管理，是供水调度工作顺利开展的保障。中心调度的指令大多数情况下都具有权威性。

（　）4. 等水压线可以直观地反映管网压力分布情况，便于观测阀门调节和机泵增减产生的水压变化，有助于调度员分析管网运行状态。

（　）5. 水压合格率反映了一天中管网压力的服务质量情况，也在一定程度上反映了用水量与供水量之间的矛盾。

（　）6. 在一日内，用来反映用水量逐时变化幅度大小的参数称为日变化系数。

（　）7. 降低成本，是提高经济效益的主要途径，在供水企业的运行成本中，矾耗占据很大的比重。

（　）8. 作为水厂供水的延伸，站库调度的首要任务是为管网末梢、高层建筑和其他低压区域提供满足用户要求的自来水。

（　）9. 供需平衡，即根据需求供应水量，管网用水需求是时刻变化的，且表现为管网水压的波动，控制好管网水压，也就达到了供需平衡的要求。

（　）10. 了解水源水文信息不是原水调度的职责。

（　）11. 管网调度需要分析管网实时等水压线、等水头线，寻找管网压力不合理区域、流速不经济管段，并制定合理方案，对管网相关阀门进行调整。

（　）12. 原水泵房的调度运行中需要对取水泵房所有水泵（单台）及组合机组，

试验不同集水井水位时的总扬程、流量、功率,记录在案。

(　　) 13. 在固定式取水口上游至下游适当地段应装设明显的标志牌,在有船只来往的河道,还应在取水口上装设信号灯,应不定期巡视标志牌和信号灯的完好。

(　　) 14. 自然预沉淀的调度运行过程中,应根据原水水质、预沉池的容积及沉淀情况确定适宜的排泥频率,并遵照执行。

(　　) 15. 混合的调度运行过程中,当采用高分子絮凝剂预处理高浑浊度水时,混合要尽量急剧。

(　　) 16. 絮凝的调度运行过程中,当初次运行隔板、折板絮凝池时,进水速度应尽量大。

(　　) 17. 平流式沉淀池的出口应设质量控制点,浊度指标一般宜控制在 3NTU 以下。

(　　) 18. 当滤池停用一周以上时,应将滤池放空;恢复时必须进行反冲洗后才能重新启用。

(　　) 19. 清水池水位的调度运行时,不用考虑取水泵房和送水泵房的流量。

(　　) 20. 当水厂供水范围较大或输配距离较远时,出厂水余氯宜以化合氯(氯胺)为好,以维持管网中的余氯,但出厂水氨氮值仍应符合水质标准。

(　　) 21. 原水调度应定期巡视原水泵房的电机水泵运行状态,确保机组运行正常。

(　　) 22. 调度电子报表定时录入是远程巡视的管理手段之一。根据生产数据的重要程度可以将现有生产数据分为三类,关键数据人工录入、重要数据点巡、一般数据自动转入。

(　　) 23. 站库调度需要巡视增压站进出水压力、流量、水质和管网测压点压力等数据。

(　　) 24. 管网调度巡视过程中不需要了解水厂、增压站有关影响管网供水的工程。

(　　) 25. 中心调度不需要了解管网及水厂等影响供水的工程。

(　　) 26. 调度人员发现水厂、区域增压站跳车故障后,只需汇报有关领导,不需要采取应急调度措施。

(　　) 27. 输配水管道爆管时,调度人员发现异常的信息来源是管网 GIS 系统。

(　　) 28. 当出现水厂水质报警时,中心调度应及时联系相关水厂调度人员,督促其检查水质超标原因并控制好出厂水水质,增加相邻水厂出水量。

(　　) 29. 发现原水水质异常后,水厂调度只需自行处置,不需要上报中心调度。

(　　) 30. 供水调度工作对供水企业的生产供应起着统帅作用,其工作的好坏不会影响企业信誉和生产成本。

(　　) 31. 不同城市的自来水公司可根据自身特点,选择采用一级调度或二级调度的模式进行供水。

(　　) 32. 机构设置的合理性也是影响调度的主要因素之一,它指的是调度模式的采用和调度内部机构的设置是否合理。

(　　) 33. 通过观察等水压线图,可以了解各个管段的负荷是否均匀,找出不合理的管径和管段。

(　　) 34. 管网压力合格率不应低于 85%。

(   ) 35. 平均水压值是测压点的水压绝对值,反映了城市水压达到的最高高度。

(   ) 36. 在一定时期内,用来反映每天用水量变化幅度大小的参数称为时变化系数。

(   ) 37. 设时变化系数为 K,最高时用水量为 Q,平均时用水量为 Q_1,则平均时用水量 $Q_1=Q/K$。

(   ) 38. 提高管网服务压力,只要多建设新水厂的就可以,老水厂的挖潜改造可以不用考虑。

(   ) 39. 在给排水设计规范中,满足一层楼的自由水头为 10m,二层为 12m,三层以上每层增加 2m。

(   ) 40. 测压点的设置,应根据生活用水和工业用水的比例设定,生活区应该适当增加测压点的个数。

(   ) 41. 设置测流点时,一般情况在三通设三点、四通设四点,这样就可以掌握各分支管段的情况。

(   ) 42. 固定式取水口的调度运行中,当测定水位低于常值时,需对泵房流量进行校对,若流量低于设计值,可调整运行水泵,必要时启动新水泵。若启动变频水泵,则需记录变频泵频率,校核水泵是否处于高效区。

(   ) 43. 原水输水管线的调度运行中,承压输水管道每隔三次通水时均应先检查所有排气阀、排泥阀、安全阀,正常后方可投入运行。

(   ) 44. 生物预处理池运行时,填料流化应正常,填料堆积应无加剧;水流应稳定,出水应均匀,并应减少短流及水流阻塞等情况发生。

(   ) 45. 高寒地区在冰冻期间应根据本地区的具体情况制定水位控制标准和防冰凌措施。

(   ) 46. 启用斜管(板)时,初始的上升流速应尽量大,防止斜管(板)漂起。

(   ) 47. 脉冲澄清池宜间断运行。

(   ) 48. 普通快滤池在冲洗滤池时,冲洗水阀门应逐渐开大,高位水箱可以放空。

(   ) 49. 每年对每格滤池做滤层抽样检查,含泥量不应大于3%,否则应翻床洗砂,重新按级配装填滤料,并应记录归档。

(   ) 50. 活性炭滤池冲洗时的滤料膨胀率应控制在设计确定的范围内。

(   ) 51. 臭氧尾气消除装置的处理气量应与臭氧发生装置的处理气量一致。

(   ) 52. 清水池水位的调度运行时,可以超上限或下限水位运行。

(   ) 53. 浓缩池上清液中的悬浮固体含量不应大于预定的目标值。当达不到预定目标值时,应适当减少投药量。

(   ) 54. 加氯的所有设备、管道尽量用防氯气腐蚀的材料。

(   ) 55. 用氢氧化钠溶液中和的氢氧化钠溶液的浓度应保持在12%以上,溶液可以结晶结块。

(   ) 56. 原水输水管线无须专人并佩戴标志定期进行全线巡视。

(   ) 57. 二次增压站的运行情况不需要站库调度进行巡视。

(   ) 58. 管网调度过程中不需要对管网水压合格率、平均水压值等数据进行统计分析。

（　　）59. 了解当前管网及水厂等影响供水的工程，也是中心调度巡视的内容之一。

（　　）60. 造成水厂减、停产的主要原因有：二泵房机泵、变频器设备突发故障；水厂供电线路、变电所设备故障影响二泵房供电；其他因素造成二泵房在用机泵突然跳闸。

（　　）61. 区域增压站出现减、停产突发事故时，除了站库调度进行处理，中心调度也须采取相应措施，降低不利影响。

（　　）62. 调度是指在生产活动中对整个过程的指挥，是实现生产控制的重要手段。

（　　）63. 随着生产过程自动化控制水平的不断提高，所有城市都要由中心调度直接全面控制生产，即一级调度模式。

（　　）64. 地位因素是影响调度的主要因素之一，供水调度的权威性是供水系统良性运行的有力保障，管理者应该树立供水调度在企业中的权威。

（　　）65. 通过观察等水压线图，可以了解各个管段的负荷是否均匀，找出不合理的管径和管段；观察低压区的分布和面积，为合理调度和管网改造提供可靠依据。

（　　）66. 平均水压值是测压点的水压绝对值，反映了城市水压达到的最低高度。

（　　）67. 在一定时期内，用来反映每天中每小时用水量变化幅度大小的参数称为日变化系数。

（　　）68. 在一年内，用来反映用水量逐时变化幅度大小的参数称为时变化系数。

（　　）69. 时变化系数实际上表示了一日内用水量变化幅度的大小，反映了用水量的均匀程度。

（　　）70. 提高管网服务压力，对于一些供水半径较大的管网末梢，水压比较低，在这些低压区可以多建设不带水库的增压泵站。

（　　）71. 各城市根据供水系统的特点，确定管网服务压力，管网服务压力不能满足的地区，通过区域增压方式满足服务需求。

（　　）72. 测压点的设置，应根据生活用水和工业用水的比例设定，工业区应该适当增加测压点的个数。

（　　）73. 混凝剂宜手动投加，控制模式可根据各供水厂条件自行决定。

（　　）74. 生物预处理池运行时，填料流化应正常，填料堆积应无加剧；水流应剧烈，出水应均匀，并应减少短流及水流阻塞等情况发生。

（　　）75. 自然预沉淀的调度运行时，正常水位控制应保持经济运行，运行水泵或机组尽可能每次记录运行起止时间。

（　　）76. 混合当采用高分子絮凝剂预处理高浑浊度水时，混合不宜过分急剧。

（　　）77. 当初次运行隔板、折板絮凝池时，进水速度应尽可能快速。

（　　）78. 平流式沉淀池的停止和启用操作应尽可能减少滤前水的浊度的波动。

（　　）79. 启用斜管（板）时，初始的上升流速应缓慢，防止斜管（板）漂起。

（　　）80. 机械搅拌澄清池短时间停运期间搅拌叶轮应继续高速运行；恢复运行时应适当减少加药量。

（　　）81. 脉冲澄清池初始运行时，当出水浑浊度基本达标后，方可逐步增加加药量直到正常值。当出水浑浊度基本达标后，应适当降低冲放比至正常值。

（　　）82. 水力循环澄清池初始运行前，应调节好喷嘴和喉管的距离。

第8章 供水调度专业知识

（　）83. 滤池应在过滤后设置质量控制点，滤后水浑浊度应小于设定目标值。滤池初用或冲洗后上水时，池中的水位不得高于排水槽，可以暴露砂层。

（　）84. 操作人员应定期观察臭氧发生器运行过程中的臭氧供气压力、温度、浓度，并做好记录。

（　）85. 臭氧发生器气源系统的操作运行应按臭氧发生器操作手册所规定的程序进行，操作人员应不定期观察供气的压力和露点是否正常。

（　）86. V形滤池（汽水冲洗滤池）运行时滤层上水深应大于1.2m。

（　）87. 活性炭滤池新装滤料宜选用净化水用煤质颗粒活性炭。活性炭的技术性能应满足现行国家标准和设计规定的要求。新装滤料应冲洗后方可投入运行。

（　）88. 清水池水位的调度运行时，需要考虑取水泵房和反冲洗泵房的流量。

（　）89. 汛期应保证清水池四周的排水畅通，防止污水倒流和渗漏。

（　）90. 设有斜管、斜板的浓缩池，初始进水速度或上升流速应快速。浓缩池长期停用时，应将浓缩池蓄满。

（　）91. 操作人员应定期观察脱水设备运行过程中进泥浓度、出泥干固率、加药量、加药浓度及分离水的悬浮物的浓度以及各种设备的状态是否正常，并做好记录。

（　）92. 加氯的所有设备、管道可根据情况决定是否使用防氯气腐蚀的材料。

（　）93. 泄氯吸收装置中，吸收系统采用探测、报警、吸收液泵、风机联动的应先启动风机再启动吸收液泵。

（　）94. 严禁在管线上圈、压、埋、占；沿线不应有跑、冒、外溢现象。应设专人并佩戴标志定期进行全线巡视。发现危及城市输水管道的行为应及时制止并上报有关主管部门。

（　）95. 水厂调度人员通过查看在线仪表远传数据，进行定时远程巡视，掌握水量、水质、水压的变化趋势，有预见性地进行生产调整，保证生产运行安全平稳，避免数据超标。

（　）96. 有加氯设备的增压站，由水质部门派人巡视设备，站库调度不用巡视。

（　）97. 二次增压站的运行情况也需要站库调度进行巡视。

（　）98. 管网调度巡视过程中不需要了解影响供水的管网工程情况。

（　）99. 巡视有加氯设施的增压站的加氯间，也是中心调度巡视的内容之一。

（　）100. 值班调度员发现供水管道故障，造成区域性水压下降时，可继续观察，暂不通知有关部门及人员。

（　）101. 水厂原水水质异常，如果污染物已进入沉淀池、滤池，则立即采取关闭滤池、高强度反冲洗等措施。

（　）102. 水厂减、停产影响管网水压时，中心调度值班员应及时通知有关人员，并采取应急调度措施，增加其他水厂供水台时，补充事发水厂缺失水量，降低故障影响。

（　）103. 区域增压站出现减、停产突发事故时，站库调度进行处理，中心调度只需要做好备案。

（　）104. 平均水压值是所有测压点一个周期内检测水压值的总和与检测总次数的积。

（　）105. 水压合格率为水压合格次数与检测次数的积。

(　　) 106. 水压值总和为平均水压值与总检测次数的商。

(　　) 107. 最高日用水量为平均日用水量与日变化系数的商。

四、问答题

1. 简述原水调度、水厂调度、管网调度、站库调度、中心调度的原则。
2. 全国大、中城市自来水公司普遍采用两级调度模式供水，请画出两级调度模式的结构简图。
3. 列举出4种供水调度常用仪器仪表及其所测定的运行参数及单位。
4. 写出日变化系数的定义、计算公式及式中各符号的含义。
5. 试述提高管网服务压力可以采取的措施。
6. 试述管网测压点的布置一般应遵循的原则。
7. 试述管网测流点的布置原则。

第 9 章　科学调度技术应用

一、单选题

1. 在供水调度 SCADA 系统中，计算机主要用于(　　)。
   A　调度主机和数据服务器　　　　B　调度主机和办公电脑
   C　办公电脑和数据服务器　　　　D　财务电脑和数据服务器

2. 供水调度 SCADA 系统中的通信层次可分为(　　)。
   ①信息与管理层通信；②控制层的通信；③设备底层通信
   A　①②　　　　B　①③　　　　C　①②③　　　　D　②③

3. 科学调度系统一般可分为(　　)。
   A　离线调度模块与在线调度模块　　B　分时调度模块与实时调度模块
   C　离线调度模块与分时调度模块　　D　分时调度模块与在线调度模块

4. 科学调度系统中，以一天 24h 作为一个周期，离线调度模块用来产生(　　)预案。
   A　今日　　　　B　次日　　　　C　后天　　　　D　任意日

5. 实施供水系统科学调度技术应用，一般需要经过建立供水管网地理信息系统、(　　)、管网建模和科学调度辅助决策系统等四个建设阶段。
   A　水厂自控系统　　　　　　　　B　增压站控制系统
   C　办公自动化系统　　　　　　　D　供水数据采集和监控系统（SCADA）

6. 科学调度辅助决策系统是供水科学调度技术应用的四个阶段之一，它运行在(　　)的基础上，通过给定的供水安全限制条件和经济性参数求解调度方案，利用计算机寻优算法进行方案比选。
   A　水厂模型　　　B　管网模型　　　C　泵站模型　　　D　水压模型

7. 管网模型建立主要有以下哪些步骤流程(　　)。
   ①管网建模的基础工作，如管网基础资料的收集、整理和核对等；
   ②管网模型的表达，如将系统中实际的管段、阀门和水泵等设施转化成抽象的线和节点等对象等；
   ③模型的校核与修正，验证管网模型的准确性，并随时修正
   A　①②　　　　B　②③　　　　C　①③　　　　D　①②③

8. 供水调度 SCADA 系统的一般分层体系结构有以下哪些(　　)。
   ①设备层，包括传感器检测仪表、控制执行设备和人机接口等；
   ②控制层，负责调度与控制指令的实施；
   ③调度层，实现监控系统的监视与调度决策；
   ④信息层，提供信息服务与资源共享
   A　①②④　　　　B　①③④　　　　C　①②③④　　　　D　①②③

9. 控制设备为供水 SCADA 系统的下位机，常用的控制设备有（　　）。
①工控机（IPC）；②远程终端（RTU）；③可编程逻辑控制器（PLC）；④单片机
A　①②④　　　　B　①③④　　　　C　①②③　　　　D　①②③④

10. 科学调度系统一般包含（　　）模块。
①管网微观模型；②水量预测；③管网宏观模型；④调度决策和指令系统
A　①②④　　　　B　①②③④　　　C　①③④　　　　D　①②③

11. 以下不是影响管网模型准确性的因素的是（　　）。
①基础资料的完整和准确性；②管网拓扑连接关系；③管网参数的准确性；④所用电脑的精确度
A　④　　　　　　B　①②③④　　　C　①③④　　　　D　①②③

12. 下列不属于用水量预测主要采用的方法的有（　　）。
①回归分析法；②时间序列法；③智能方法，如神经网络法；④观察对比法
A　①②④　　　　B　④　　　　　　C　①②③　　　　D　①②③④

13. 管网建模主要是通过数学模型（　　）模拟物理供水系统的运行状态。
A　静态　　　　　B　动态　　　　　C　不定时　　　　D　不确定

14. 地理信息系统（GIS）相结合，（　　）是发展方向。
A　宏观模型　　　　　　　　　　　B　微观模型
C　宏观模型与微观模型　　　　　　D　管道模型

15. 供水调度 SCADA 系统的数据显示中，主要的显示方式是（　　）。
①表格显示数据；②按工艺流程形式显示数据；③用趋势曲线图显示数据
A　①②　　　　　B　①③　　　　　C　①②③　　　　D　②③

16. （　　），根据当前实际监测的数据预测下一段时间管网运行可能将会发生的情况。
A　离线调度跟踪在线预案　　　　B　在线调度跟踪任意预案
C　在线调度跟踪在线预案　　　　D　在线调度跟踪离线预案

17. 以下哪些不会降低管网模型准确性（　　）。
A　管道口径资料与实际不符
B　水泵的切削或磨损，水泵水力特性曲线已经改变
C　阀门开启度、位置等信息与实际一致
D　无法得到水泵的特性曲线样本

18. 用水量预测是调度决策的前提，它的准确度直接影响到调度决策结果的准确性，一般可分为（　　）两大类。
A　日预测和时预测　　　　　　　　B　年预测和月预测
C　长期预测和短期预测　　　　　　D　月预测和日预测

19. 用水量长期预测主要为（　　）提供支持。
A　城市的建设规划或管网系统中的主要管段的改扩建提供依据
B　给水系统的调度决策
C　水厂调度决策
D　站库调度决策

20. 用水量短期预测主要为( )提供支持。
A 城市的建设规划 B 管网系统中的主要管段的改扩建
C 给水系统的调度决策 D 水厂、增压站改扩建

21. 考虑预测的水量与各种外在因素有关,如温度、天气情况、节假日,以及前一天的用水量等,各个因素的影响都可以用系数来表示,这种方法是( )。
A 回归分析法 B 时间序列法
C 神经网络法 D 观察对比法

22. 移动算术平均法是( )中的一种。
A 回归分析法 B 时间序列法
C 神经网络法 D 观察对比法

23. 管网模型的校验方法一般可以分为( )。
A 机器校验和非机器校验 B 手工校验和自动校验
C 软件校验和非软件校验 D 电脑教研和非电脑校验

24. 手工校验的对象是管网中相对确定性的因素,以下不是手工校验对象的是( )。
A 管径 B 阀门开启度
C 管段粗糙系数 D 水泵特性曲线

二、多选题

1. 实施供水系统科学调度技术应用,一般需要经过( )等四个建设阶段。
A 建立供水管网地理信息系统（GIS） B 供水数据采集和监控系统（SCADA）
C 管网建模 D 科学调度辅助决策系统
E 办公自动化系统

2. 供水管网地理信息系统基本功能一般应包括( )等。
A 地图浏览 B 地貌、道路、管件等相应图层选择
C 距离、面积等的测量 D 管件属性查询
E 图面标注、设备编辑

3. 城市供水管网地理信息系统是指利用( )采集、管理、更新、综合分析和处理城市供水管线信息的系统。
A SCADA 技术 B GIS 技术
C OA 技术 D 给水专业技术
E 自控技术

4. 供水管网地理信息系统一般可以查询( )等管网设备的属性信息。
A 管材 B 管长
C 管径 D 阀门口径
E 阀门类型

5. 管网模型建立的流程主要包括( )。
A 管网建模的基础工作,如管网基础资料的收集、整理和核对等
B 管网模型的表达,如将系统中实际的管段、阀门和水泵等设施转化成抽象的线和

节点等对象等

C 模型的校核与修正，验证管网模型的准确性，并随时修正

D 模型的运行，如试运行、人员培训、项目验收等

E 明确管网模型建立的目标及用途，确定管网模型的精度级别

6. 供水调度 SCADA 系统的一般分层体系结构为（　　）。

A 管理层，管理日常事务

B 设备层，包括传感器检测仪表、控制执行设备和人机接口等

C 控制层，负责调度与控制指令的实施

D 调度层，实现监控系统的监视与调度决策

E 信息层，提供信息服务与资源共享

7. 供水调度 SCADA 系统的调度层往往由多台计算机联成局域网，一般分为（　　）等。

A 监控站　　　　　　　　　B 办公层
C 维护站（工程师站）　　　D 决策站（调度站）
E 数据站（服务器）

8. 供水调度 SCADA 系统的控制层一般由（　　）组成。

A 可编程控制器（PLC）　　B 压力传感器
C 远程终端（RTU）　　　　D 余氯仪
E 浊度仪

9. 控制设备为供水 SCADA 系统的下位机，是城市供水调度执行系统的组成部分，常用的控制设备有（　　）。

A 工控机（IPC）　　　　　B 远程终端（RTU）
C 可编程逻辑控制器（PLC）　D 单片机
E 智能设备

10. 供水调度 SCADA 系统所使用的技术主要有被称为"3C＋S"的技术，这些技术是（　　）。

A 计算机（Computer）技术　　B 通信（Communication）技术
C 控制（Control）技术　　　　D 现代图形显示（CRT）技术
E 传感（Sensor）技术

11. 供水调度 SCADA 系统主要功能有（　　）。

A 自动化办公　　　　　　　B 数据采集与存储
C 数据显示　　　　　　　　D 报警处理
E 用户查询

12. 科学调度系统的主要流程中一般应包含（　　）模块。

A 管网微观模型　　　　　　B 水量预测
C 管网宏观模型　　　　　　D 调度决策和指令系统
E 营业收费系统

13. 影响管网模型准确性的因素主要有（　　）。

A 基础资料的完整和准确性　B 管网拓扑连接关系

C 管网参数的准确性　　　　　　　D 客户端电脑的精确度
E 服务器精确度

14. 用水量预测主要采用的方法有（　　　）。
A 回归分析法　　　　　　　　　B 时间序列法
C 观察法　　　　　　　　　　　D 智能方法，如神经网络法
E 对比法

15. 自动校验指在手工校验的基础上，对管网中管段（　　　）参数进行细微调整。
A 管段粗糙系数　　　　　　　　B 节点流量
C 管长　　　　　　　　　　　　D 管径
E 阀门开启度

16. 供水管网模型应具备的一般功能有（　　　）。
A 对管网运行现状做出比较全面的评估
B 用于供水管网的中长期规划，新系统的设计及现有系统的改建和扩建设计
C 日常和特殊情况时运行调度方案模拟
D 给水系统中突发事故，如爆管抢修、水质突然污染、停电等重大事件处理
E 用户供水区域、供水路径及各种水力和水质参数（余氯、水龄等）分析

三、判断题

（　　）1. 管网建模主要是通过数学模型静态模拟物理供水系统的运行状态。

（　　）2. 供水管网地理信息系统（GIS）主要管理组成供水系统的水泵、管道、阀门和水表等各类物理管件的运行状态。管网建模主要是通过数学模型动态模拟物理供水系统的静态信息。

（　　）3. 管网建模首先需要做好管网基础资料的收集、整理和核对工作，管网建模与建立管网地理信息系统（GIS）相结合（微观模型）是发展方向。

（　　）4. 城市供水调度SCADA系统设备层的设备安装于生产控制后台，间接与生产设备和操作工人相联系，感知生产状态与数据，并完成指示、显示与操作。

（　　）5. 在SCADA系统中，计算机主要用于现场数据测量采集，国内外许多厂家都推出了基于Windows的SCADA组态软件。

（　　）6. 科学调度系统一般可分为离线调度模块和在线调度模块。

（　　）7. 科学调度系统的主要流程是系统根据实际监测数据，通过模拟计算、分析决策，最后给出各个水厂每台泵机的开停操作和运行转速，使得管网运行费用相对较少。

（　　）8. 移动算术平均法是回归分析法中的一种。

（　　）9. 供水管网地理信息系统（GIS）主要管理组成供水系统的水泵、管道、阀门和水表等各类物理管件的运行状态和动态信息。

（　　）10. 管道的管长、管径、管材、敷设年代等信息不准确或有错误不会影响管网模型准确性。

（　　）11. 管网建模初期可以对管网基础资料的准确度暂时不做要求。

（　　）12. 供水调度SCADA系统中的通信可分为以下三个层次：①信息与管理层通信。②控制层的通信。③设备底层通信。

(　　) 13. 供水调度 SCADA 系统的数据报警功能中，数据报警的判断可以由下位机判断，不可以由上位机判断。

(　　) 14. 水量预测方法中，指数平滑法是神经网络法中的一种。

(　　) 15. 用水量预测是调度决策的前提，是科学调度系统的主要流程中的关键一环。

(　　) 16. 科学调度系统的主要流程是系统根据实际监测数据，通过模拟计算、分析决策，最后给出各个水厂每台泵机的开停操作和运行转速，使得管网运行费用相对较多。

(　　) 17. 管道的管长、管径、管材、敷设年代等信息不准确或有错误不会影响管网模型准确性。

(　　) 18. 科学调度决策过程中，离线调度是产生下一个预测周期的整体调度预案。

(　　) 19. 科学调度决策过程中，离线预案是当前实际监测的数据预测下一段时间管网运行可能将会发生的情况，并比较当前时刻到本预测周期的在线调度与离线预案，根据比较的结果提供一个费用较少且供水安全性高的预案给调度人员使用。

(　　) 20. 由于离线调度会以当前实际检测数据为基础，因此离线水量的预测一般会比在线水量的预测更接近管网的实际用水情况。

(　　) 21. 供水管网模型一般应具备确诊管网中异常情况（如错关的阀门，管段口径突变等），并提出解决方法的功能。

(　　) 22. 供水管网模型不可以为新建水厂、水库、增压泵站选址提供参考建议。

四、问答题

1. 实施供水系统科学调度技术应用，一般需要经过建立哪些系统的四个建设阶段？
2. 试写出管网地理信息系统（GIS）的 5 个基本功能。
3. 简述城市供水调度 SCADA 系统的多层体系结构由哪几层组成？
4. 试述供水调度 SCADA 基础技术有哪些？
5. 试述供水调度 SCADA 系统中的通信可分为哪几个层次并逐条详细说明。
6. 试述调度管理系统的主要功能。
7. 试述供水管网模型应具备的功能。
8. 试述管网模型的两种校正方法，并详细叙述各方法的对象内容。
9. 试述水量预测的各种方法及相应原理。

第10章 安　全　生　产

一、单选题

1. （　　）是保护使用者头部免受外物伤害的个人防护用具。
   A　防毒面具　　　　B　安全帽　　　　C　安全带　　　　D　护目镜
2. 可不佩戴护目镜的施工现场是（　　）。
   A　砂轮机磨削金属时　　　　　　B　焊工进行焊割操作时
   C　清扫烟道、煤粉仓时　　　　　D　装设接地线时
3. 胸外按压心脏的人工循环法要求对触电者的心脏反复地进行按压和放松，每分钟约（　　）次。
   A　50　　　　　B　60　　　　　C　70　　　　　D　80
4. 下列关于触电急救的做法错误的是（　　）。
   A　徒手拉开触电者　　　　　　　B　尽快与医疗部门联系
   C　使触电者迅速脱离电源　　　　D　切断电源
5. 突发事件评估报告不包括（　　）内容。
   A　适用范围　　　　　　　　　　B　突发事件发生的原因
   C　过程处置是否妥当　　　　　　D　执行应急处置预案是否及时和正确
6. 应急预案（　　）是针对不同供水事故而制定的具体处理流程，主要包括信息传递流程、事故处理步骤、事故后的生产恢复步骤。
   A　编制目的　　　　B　适用范围　　　　C　处置程序　　　　D　信息来源
7. 关于危险化学品的储存，叙述正确的是（　　）。
   A　液化气体储存允许少量超装
   B　氧气和油脂可以混合储存
   C　危险化学品的储存需要按照《危险化学品安全管理条例》的相关规定。
   D　剧毒化学品可以和液化气体混合存放
8. 水厂不间断电源及蓄电池不符合规定的是（　　）。
   A　主机环境通风良好，定期检查排热风扇工作状态，清理风扇外部过滤网。
   B　每月检查一次UPS的输入、输出电源接线端子及电池接线端子，应无松动。
   C　每半年检查一次UPS的输出电压、充电电压，应符合设计要求。
   D　不同容量、不同类型、不同制造厂家的电池可以混合使用。
9. 电力设备和电力线路接地电阻一般要求不大于（　　）Ω。
   A　1　　　　　B　2　　　　　C　3　　　　　D　4
10. （　　）指电网或建筑物受到雷击而产生的高压脉冲，它是一种干扰源，随着当前电子产品和计算机应用的普及，这种雷电的危害越来越引起人们的重视。

A 直击雷过电压 B 感应雷过电压
C 雷电波侵入过电压 D 雷击电磁脉冲

11. 在金属容器（如汽鼓、凝汽器、槽箱等）内工作时，必须使用（　　）V以下的电气工具，否则需使用Ⅱ类工具，装设额定动作电流不大于15mA、动作时间不大于0.1s的漏电保护器，且应设专人在外不间断地监护。
A 24　　　　B 36　　　　C 60　　　　D 220

12. 危险化学品入库时，不需要检验物品的（　　）。
A 气味　　　B 有无泄漏　　C 数量　　　D 包装情况

13. 安全生产工作的基本方针不包括（　　）。
A 安全第一　B 预防为主　　C 综合治理　D 杜绝隐患

14. 在没有脚手架或者没有栏杆的脚手架上工作，高度超过（　　）时，应使用安全带，或采取其他可靠的安全措施。
A 1.5m　　　B 2.0m　　　C 2.5m　　　D 3.0m

15. （　　）时施工人员可以不佩戴护目镜。
A 金属切削　B 管道焊接　　C 清扫烟道　D 铺设地砖

16. 关于接地线的叙述，正确的是（　　）。
A 接地线装设应先接导体端接地端，后接接地端
B 接地线的作用是为了防止突然来电或高压电感对人体产生危害
C 可以在接电线和设备间连接熔断器
D 使用缠绕方式连接接地线

17. 国家一般将各种突发事件分为（　　）个级别。
A 二　　　　B 三　　　　C 四　　　　D 不确定

18. （　　）是指雷云直击对电气设备、线路、建筑物产生静电感应或电磁感应而引起的过电压，感应过电压数值很大，可达几十万伏，对供电系统威胁相当大。
A 雷电波侵入过电压 B 直击雷过电压
C 感应雷过电压 D 雷击电磁脉冲

19. （　　）是为了保证电网故障时人身和电气设备的安全而进行的接地。电气设备外露可导电部分和设备外导电部分在故障情况下可能带电压，为了降低此电压，减少对人身的危害，应将其接地。
A 保护接地　B 防雷接地　　C 屏蔽接地　D 工作接地

20. 一般来说，在高压设备停电检修时，不需要用到的安全用品是（　　）。
A 绝缘棒　　B 绝缘手套　　C 护目镜　　D 接地线

21. 下列关于接地线的叙述中错误的是（　　）。
A 接地线的作用是为了防止突然来电或高压电感对人体产生危害
B 接地线装设需要先接接地端，后接导体端
C 禁止在接电线和设备间连接熔断器
D 使用缠绕方式连接接地线

22. 下列选项中，关于危化品的储存叙述错误的是（　　）。
A 液化气体储存允许少量超装

B 氧气不得和油质混合储存

C 危险化学品的储存需要按照《危险化学品安全管理条例》的相关规定

D 剧毒化学品必须在专用仓库内单独存放

23. 季节性安全检查中,冬季检查一般不包括( )。

　　A 防汛检查　　　　　　　　　B 防止小动物对电气设备的危害

　　C 防冻检查　　　　　　　　　D 防触电检查

24. ( )是指雷云直击对电气设备、线路、建筑物放电,其过电压引起的强大的雷电流通过这些物体入地,产生危害极大的热破坏作用和机械破坏作用。

　　A 雷电波侵入过电压　　　　　B 直击雷过电压

　　C 感应雷过电压　　　　　　　D 雷击电磁脉冲

25. ( )是为了保证电网的正常运行或为了实现电气设备的固有功能,提高其可靠性而进行的接地。例如电力系统正常运行需要的接地(如电源中性点接地)。

　　A 保护接地　　B 防雷接地　　C 屏蔽接地　　D 工作接地

26. 发觉跨步电压时,下列处理方法中正确的是( )。

　　A 双脚并拢跳出危险区　　　　B 轻轻走出危险区

　　C 匍匐前进　　　　　　　　　D 趴下等待救援

27. 触电急救时,首先需要做的动作是( )。

　　A 止血包扎　　　　　　　　　B 人工呼吸

　　C 使触电者迅速脱离电源　　　D 心肺复苏

28. 应测试运行中的轴承的润滑、声音、滑动轴承油位及带油环的带油情况,并观测轴承温升。滚动轴承的最高温度不应大于( )℃。

　　A 65　　　　　B 70　　　　　C 75　　　　　D 80

29. "紧急出口"安全标志属于( )。

　　A 禁止标志　　B 警告标志　　C 指令标志　　D 提示标志

30. 在冷却空气最大计算温度为40℃时,电动机转子绕组运行温度,H级绝缘为( )℃。

　　A 120　　　　B 140　　　　C 165　　　　D 180

31. 特种作业操作证有效期为( )年。

　　A 1　　　　　B 3　　　　　C 6　　　　　D 10

32. 根据作业许可管理,企业不需要实行作业许可的作业是( )。

　　A 动火作业　　B 开泵作业　　C 受限空间作业　　D 高处作业

33. "当心触电"安全标志属于( )。

　　A 禁止标志　　B 警告标志　　C 指令标志　　D 提示标志

二、多选题

1. 为保证水厂工作人员的安全和健康,通常使用的安全用品、用具有( )。

　　A 电脑　　　　　　　　　　　B 安全帽

　　C 安全带　　　　　　　　　　D 护目镜

　　E 梯子

2. 下列选项中提到的基建施工现场人员，需要佩戴安全帽的有(　　)。
A　高空作业人员　　　　　　　B　地面工作人员
C　其他配合工作人员　　　　　D　监理人员
E　项目部办公室的施工负责人

3. 危险化学品入库时，需要严格检验物品的(　　)。
A　气味　　　　　　　　　　　B　质量
C　数量　　　　　　　　　　　D　包装情况
E　有无泄漏

4. 安全生产工作的基本方针有(　　)。
A　安全第一　　　　　　　　　B　预防为主
C　综合治理　　　　　　　　　D　杜绝隐患
E　查缺补漏

5. 安全检查可分为(　　)。
A　日常检查　　　　　　　　　B　专业性检查
C　季节性检查　　　　　　　　D　特殊检查
E　不定期检查

6. 在全部停电或部分停电的电气设备上工作，必须完成的措施有(　　)。
A　停电　　　　　　　　　　　B　验电
C　送电　　　　　　　　　　　D　装设接地线
E　悬挂标示牌

7. 三级安全教育包括有(　　)的安全教育。
A　应急管理局　　　　　　　　B　厂
C　车间　　　　　　　　　　　D　班组
E　上岗培训

三、判断题

(　　) 1. 我国安全生产工作的基本方针是"安全第一，预防为主，杜绝隐患"。

(　　) 2. 在水源水质突发事件应急处理期间，供水厂应根据实际情况调整水质检验项目，并增加检验频率。

(　　) 3. 危险化学品储存入危险化学品专用仓库即可，无需核查登记。

(　　) 4. 充装量为 500 kg 和 1000 kg 的重瓶，应横向卧放，防止滚动，并留出吊运间距和通道。存放高度不应超过两层。

(　　) 5. 在室内配电装置上，接地线应装在该装置导电部分的规定地点，这些地点的油漆应刮去，并划下红色记号。

(　　) 6. 为满足连续安全供水的要求，供水厂对关键设备应有一定的备用量，因此设备易损件可以不备足备品备件。

(　　) 7. 供水设备维护检修，应建立日常保养、定期维护两级维护检修制度。

(　　) 8. 触电急救时，首先需要做的动作是使触电者迅速脱离电源。

(　　) 9. 胸外按压心脏的人工循环阀要求对触电者的心脏反复地进行按压和放松，

每分钟约30次。

（　　）10. 标示牌用来警告工作人员，不准接近设备带电部分，提醒工作人员在工作地应采取的安全措施。标示牌用木质、绝缘材料或金属板制作。

（　　）11. 为满足连续安全供水的要求，供水厂对关键设备应有一定的备用量，设备易损件应有足够量的备品备件。

（　　）12. 待用氯瓶的堆放不得超过三层。投入使用的卧置氯瓶，其两个主阀间的连线应平行于地面。

（　　）13. 在突发油污染事件中使用的吸油棉和隔油栏可以同生活垃圾一起丢弃。

（　　）14. 电力设备和电力线路接地电阻一般要求不大于4Ω，计算机系统接地电阻要求不大于1Ω，详细要求可参考相关材料。

（　　）15. 在机器完全停止以前，不准进行修理工作。修理中的机器应做好防止转动的安全措施，如：切断电源。

（　　）16. 工作人员进入生产现场禁止穿拖鞋、凉鞋，女工作人员可以穿裙子、穿高跟鞋。

（　　）17. 凡承担城镇供水厂水质检验工作、报告数据的人员，必须经专业培训合格，持证上岗。

（　　）18. 供水设备维护检修，应建立日常保养、定期维护和大修理三级维护检修制度。

（　　）19. 高压断路器、高压隔离开关、负荷开关检查清扫每年至少二次。

四、问答题

1. 供水事故应急预案应包含几方面的内容？
2. 简述沉淀池出水超标应急处置程序。
3. 简述大口径供水干管爆管应急处置程序。
4. 接地可分为几种类型？
5. 在全部停电或部分停电的电气设备上工作，必须完成哪些措施？

供水调度工（五级 初级工）

理论知识试卷

注 意 事 项

1. 考试时间：90min。
2. 请仔细阅读各种题目的答题要求，在规定的位置填写您的答案。
3. 不要在试卷上乱写乱画。

	一	二	总分	统分人
得分				

得 分	
评分人	

一、单选题（共80题，每题1分）

1. 静水压强是随水深的增加而（　　）。
   A 增加　　　　　B 减小　　　　　C 不变　　　　　D 不确定

2. 恒定流连续性方程式是（　　）守恒原理的水力学表达式。
   A 质量　　　　　B 能量　　　　　C 动量　　　　　D 受力

3. 水流沿着一定的路线前进，在流动过程中，上下层各部分水流互不相混，这种流动形态叫作（　　）。
   A 层流　　　　　B 恒定流　　　　C 渐变流　　　　D 紊流

4. 绝对压强是以（　　）为零点计量的压强值。
   A 完全真空　　　B 当地大气压　　C 标准大气压　　D 相对压强

5. 若 A 为过水断面面积，Q 为通过此过水断面的流量，则断面平均流速 v 计算公式为（　　）。
   A $v=QA$　　　　B $v=Q/A$　　　C $v=A/Q$　　　D 以上都不对

6. 《地表水环境质量标准》GB 3838—2002中规定水温的标准限值为人为造成的环境水温变化应限制在周平均最大温升（　　）。
   A ≤1℃　　　　　B ≤2℃　　　　　C ≤3℃　　　　　D ≤4℃

7. 《地下水质量标准》GB/T 14848—2017 中规定( )有嗅和味。
   A Ⅱ类水　　　B Ⅲ类水　　　C Ⅳ类水　　　D Ⅴ类

8. 生活饮用水水质的基本要求中规定生活饮用水中不得含有( )。
   A 化学物质　　B 放射性物质　　C 微生物　　D 病原微生物

9. 《生活饮用水卫生标准》GB 5749—2006 中规定氯气及游离氯制剂的出厂水中余量( )。
   A ≥0.3mg/L　　B ≥0.5mg/L　　C ≥0.8mg/L　　D ≥1.0mg/L

10. 以下( )不是采样前应制定的采样计划。
    A 采样目的　　B 采样方法　　C 采样人员　　D 采样容器与清洗

11. 需要( )的样品，应配备专门的隔热容器，并放入制冷剂。
    A 保温　　　　B 恒温　　　　C 冷藏　　　　D 避光

12. 以下( )不是水质检验的一般操作。
    A 称量操作　　B 移液操作　　C 定容操作　　D 定量操作

13. 滴定分析法中能够通过( )突变指示化学计量点到达的辅助试剂称为指示剂。
    A 质量　　　　B 密度　　　　C 气味　　　　D 颜色

14. 沉淀反应是两种物质在溶液中反应生成溶解度( )的难溶电解质，以沉淀的形式析出。
    A 很大　　　　B 很小　　　　C 适中　　　　D 不确定

15. 以下( )不属于重量分析法。
    A 沉淀法　　　B 汽化法　　　C 电解法　　　D 称量法

16. 《水的混凝、沉淀试杯试验方法》GB/T 16881—2008 适用于确定水的( )过程的工艺参数。
    A 混凝沉淀　　B 混凝过滤　　C 沉淀过滤　　D 过滤消毒

17. 《水处理用滤料》CJ/T 43—2005 规定筛分试验中，试验筛是按筛孔( )的顺序从上到下套在一起的。
    A 由大到小　　B 由小到大　　C 均匀分布　　D 随机排列

18. 《地表水环境质量标准》GB 3838—2002 中规定水温的标准限值为人为造成的环境水温变化应限制在周平均最大温降( )。
    A ≤1℃　　　　B ≤2℃　　　　C ≤3℃　　　　D ≤4℃

19. 《地下水质量标准》GB/T 14848—2017 中规定Ⅲ类水的浑浊度标准值为( )。
    A ≤1NTU　　　B ≤3NTU　　　C ≤5NTU　　　D ≤10NTU

20. 《生活饮用水卫生标准》GB 5749—2006 中，水质指标分为微生物指标、毒理指标、( )、放射性指标4类。
    A 感官性状和常规化学指标　　　B 感官性状和非常规化学指标
    C 感官性状和一般化学指标　　　D 感官性状和特殊化学指标

21. 《生活饮用水卫生标准》GB 5749—2006 中规定 pH 值的标准限值为( )。
    A 不小于6.0且不大于8.5　　　B 不小于6.5且不大于8.5
    C 不小于6.0且不大于8.0　　　D 不小于6.5且不大于8.0

22. 滴定终点读数时，视线与弯月面的( )水平线相切。

A 最高点 B 最低点 C 中间点 D 任一点

23. 滴定分析法中能够通过颜色突变指示化学计量点到达的辅助试剂称为（   ）。

A 滴定剂 B 滴定溶液 C 被测溶液 D 指示剂

24. 给水系统按使用目的可分为（   ）。

A 地表水给水系统和地下水给水系统

B 自流系统、水泵供水系统和混合供水系统

C 生活用水、生产给水和消防给水系统

D 城市给水和工业给水系统

25. 输水和配水系统包括（   ）。

①输水管渠；②配水管网；③泵站；④水塔和水池

A ①② B ①②③ C ①②④ D ①②③④

26. 管网平差就是在按初步分配流量确定的管径基础上，重新分配各管段的流量，反复计算，直到同时满足（   ）时为止。

A 连续性方程组 B 能量方程组

C 连续性方程组和能量方程组 D 以上都不对

27. 地表水取水构筑物按构造形式大致可分成（   ）、移动式取水构筑物和山区浅水河流取水构筑物。

A 固定式取水构筑物 B 岸边式取水构筑物

C 河床式取水构筑物 D 斗槽式取水构筑物

28. 以下（   ）不是混凝的主要机理。

A 电性中和 B 吸附架桥 C 迁移作用 D 卷扫作用

29. 斜板与斜管沉淀池的作用原理是（   ）。

A 水平沉淀原理 B 垂直沉淀原理 C 深池沉淀原理 D 浅池沉淀原理

30. 滤料的选择条件是（   ）。

①有足够的机械强度；②具有足够的化学稳定性；③性价比高；④具有适当的级配与孔隙率

A ①②③ B ①②④ C ②③④ D ①②③④

31. 以下不属于加氯点选择需要考虑因素的是（   ）。

A 加氯效果 B 卫生要求 C 设备维护 D 滤池类型

32. 膜法技术主要有（   ）。

A 微滤、超滤、纳滤 B 超滤、纳滤、反渗透

C 微滤、超滤、反渗透 D 微滤、超滤、纳滤、反渗透

33. 一级泵站静扬程是指（   ）与水厂的前端处理构筑物（一般为混合絮凝池）最高水位的高程差。

A 水泵吸水井最低水位 B 水泵吸水井最高水位

C 水泵吸水井平均水位 D 以上都不对

34. 树状网的计算通常是已知管道沿线地形、各管段长度、和端点要求的自由水头，在求出管段流量后，确定管道的（   ）及水塔高度。

A 各段水头 B 各段直径 C 各段流速 D 各段标高

35. 以下（ ）不是固定式取水构筑物按取水点位置的分类。
   A 岸边式　　　　B 河床式　　　　C 斗槽式　　　　D 低坝式
36. 泵是一种转换（ ）的机器。
   A 质量　　　　　B 重量　　　　　C 动量　　　　　D 能量
37. 离心泵的性能曲线有（ ）。
   ①流量-扬程曲线；②流量-轴功率曲线；③流量-效率曲线；④流量-允许吸上真空高度曲线；⑤流量-转速曲线
   A ①②③⑤　　　B ①②④⑤　　　C ①②③④　　　D ①②③④⑤
38. 水锤破坏的主要表现形式有（ ）。
   ①水锤压力过高引起水泵、管道等破坏；②水锤压力过低引起管道因失稳而破坏；③水泵反转速过高与水泵机组的临界转速相重合；④突然停止反转过程引起电动机转子的永久变形、联轴结的断裂
   A ①②③　　　　B ①②④　　　　C ①③④　　　　D ①②③④
39. 泵的效率是泵的（ ）的比值。
   A 有效功率和轴功率　　　　　　　B 轴功率和有效功率
   C 有效功率和配套功率　　　　　　D 轴功率和配套功率
40. 泵站内的压水管路要求（ ）。
   A 不漏气　　　　B 不积气　　　　C 不吸气　　　　D 坚固而不漏水
41. 电阻的单位是（ ）。
   A 法　　　　　　B 欧姆　　　　　C 库伦　　　　　D 伏特
42. 决定用户供电质量的指标不包括（ ）。
   A 电流　　　　　B 电压　　　　　C 可靠性　　　　D 功率
43. （ ）属于电力变压器的其他附件。
   A 器身　　　　　B 分接开关　　　C 铁芯　　　　　D 绕组
44. 变频调速特点不包括（ ）。
   A 效率高，调速过程中没有附加损耗
   B 转差功率以发热的形式消耗在电阻上，属有级调速
   C 应用范围广，可用于笼型异步电动机
   D 调速范围大，特性硬，精度高
45. 电量的单位是（ ）。
   A 法　　　　　　B 欧姆　　　　　C 库伦　　　　　D 伏特
46. 工厂供电系统的过电流保护装置不包括（ ）。
   A 熔断器保护　　B 低压断路器保护　C 继电器保护　　D 隔离开关保护
47. 属于按变压器绕组数目不同分类的是（ ）。
   A 单相变压器　　B 三相变压器　　C 多相变压器　　D 自耦变压器
48. （ ）是计算机软件。
   A 中央处理器　　B 存储器　　　　C 数据库　　　　D 主板
49. （ ）可编程控制器的特点是结构紧凑、体积小、成本低、安装方便，缺点是输入输出点数是固定的，不一定能适合具体的控制现场的需要。

A 整体式结构类　　B 模块式结构类　　C 大型　　　　　D 超大型

50. (　　)是PLC的外部设备。

A 微处理器单元　　　　　　　　B 存储器
C 输入输出模块单元　　　　　　D 彩色图形显示器

51. 可编程控制器的主要特点不包括(　　)。

A 体积大，能耗高　　　　　　　B 功能强，性能价格比高
C 可靠性高，抗干扰能力强　　　D 维修工作量小，维修方便

52. (　　)是PLC的外部设备。

A 微处理器单元　　　　　　　　B 存储器
C 输入输出模块单元　　　　　　D 编程器

53. 随着生产过程自动化控制水平的不断提高，部分城市由中心调度直接全面控制生产，即(　　)模式。

A 三级调度　　B 二级调度　　C 一级调度　　D 总体调度

54. 设水压合格率为 A，水压合格次数为 n，检测次数为 m，则水压合格率 A 的计算公式为(　　)。

A $A=m/n$　　B $A=m \cdot n$　　C $A=n/m$　　D $A=1-n/m$

55. 提高管网服务压力可以采取建设带水库的增压泵站的措施。利用水库在(　　)。

A 用水低峰时段存储水量，高峰时供向管网
B 用水高峰时段存储水量，高峰时供向管网
C 用水低峰时段存储水量，低峰时供向管网
D 用水高峰时段存储水量，低峰时供向管网

56. 管网调度的原则是(　　)。

A 按需供水、合理调配　　　　　B 产供平衡、降低成本
C 均衡压力、减少跑、漏　　　　D 错峰调蓄、平衡压力

57. 水厂调度的职责主要包括(　　)。

①监控各工艺环节的生产，确保沉淀池、滤池、清水池等各工艺点出水水质合格；
②掌握水厂停电、断矾、水质异常等情况的应急预案，出现紧急情况应能熟练处理；
③根据中心调度指令调节供水量，合理控制水厂生产的电耗、矾耗和消毒剂用量等

A ①②　　　　B ①③　　　　C ①②③　　　　D ②③

58. 混合的调度运行应注意的是(　　)。

①混合宜控制好 GT 值，当采用机械混合时，GT 值应在供水厂搅拌试验指导基础下确定；
②当采用高分子絮凝剂预处理高浑浊度水时，混合不宜过分急剧；
③混合设施与后续处理构筑物的距离应靠近，并采用直接连接方式，混合后进入絮凝，最长时间不宜超过2min

A ①②　　　　B ①③　　　　C ①②③　　　　D ②③

59. 消毒一般原则是(　　)。

①消毒剂可选用液氯、氯胺、次氯酸钠、二氧化氯等。小水量时也可使用漂白粉；
②加氯应在耗氯量试验指导下确定氯胺形式消毒还是游离氯形式消毒；

③消毒必须设置消毒效果控制点，各控制点宜实时监测，以便于调度，余氯量要达到控制点设定值；
④消毒剂加注管应保证一定的入水深度
A ①②④　　　　B ①③④　　　　C ①②③　　　　D ①②③④

60. 下列不属于中心调度巡视内容的是（　　）。
①巡视调度机房内通信、网络服务器等设备，确保通信正常；
②巡视调度运行数据，确保计算机系统采集、显示数据的正确与及时；
③了解本班次上班时间内管网、水厂等影响管网供水的工程；
④接班时了解当前各水厂、增压站的台时信息，包括额定流量、频率等；
⑤巡视泵房内机泵，确保水泵、电机运行平稳，无异常状态，确保备用机组状态良好。⑥取水口、预沉池和水库都应按规定定期巡视
A ①②⑥　　　　B ①⑤⑥　　　　C ①②⑤　　　　D ⑤⑥

61. 下列水厂减、停产应急处理措施不正确的是（　　）。
①水厂调度人员发现故障现象后，应立即联系事发单位值班人员，确认故障情况；
②启用备用设备或已经排除故障时，水厂调度人员应立即安排恢复正常台时；不具备恢复条件或短时间无法恢复的，水厂调度员应立即采取水厂减产调度应急措施；
③故障发生时，该水厂调度人员需将情况汇报中心调度及本厂站有关领导；
④排除故障恢复供水台时前，该水厂调度人员先自行恢复，然后再根据情况报告中心调度；
⑤影响管网水压时，中心调度值班员应及时通知有关人员，并采取应急调度措施，增加其他水厂供水台时，补充事发水厂缺失水量，降低故障影响
A ①②③　　　　B ④　　　　C ①②③④　　　　D ①③④

62. 总水头等压线的疏密程度可以反映管道的用水负荷高低，等压线密的管道可能存在（　　）等情况。
①设计管径偏小；②管道漏水、阻塞；③阀门未开足
A ①②　　　　B ①②③　　　　C ①③　　　　D ②③

63. 提高管网服务压力可以发挥带水库的增压泵站的优势，利用水库在用水（　　）。
A 高峰时段存储水量，低峰时供向管网
B 高峰时段存储水量，高峰时供向管网
C 低峰时段存储水量，低峰时供向管网
D 低峰时段存储水量，高峰时供向管网

64. 原水输水管线的调度运行应注意的是（　　）。
①严禁在管线上圈、压、埋、占；沿线不应有跑、冒、外溢现象；
②承压输水管线应在规定的压力范围内运行，沿途管线宜装设压力检测设施进行监测；
③原水输送过程中不得受到环境水体污染，发现问题应及时查明原因并采取措施；
④根据当地水源情况，可采取适当的措施防止水中生物生长；
⑤可以不用设专人并佩戴标志定期进行全线巡视
A ①②④　　　　B ①②③④　　　　C ①③④　　　　D ①②③④⑤

65. 生物预处理（生物接触氧化）的调度运行应注意的是( )。

①生物预处理池进水浑浊度不宜高于100NTU；

②生物预处理池出水溶解氧应在2.0mg/L以上；

③生物预处理池初期挂膜时水力负荷应减半；

④生物预处理池应观察水体中填料的状态是否有水生物生长；

⑤运行时应对原水水质及出水水质进行检测

  A ①②③④   B ②③④⑤   C ①②④⑤   D ①②③④⑤

66. 平流式沉淀池必须做好排泥工作，采用排泥车排泥时，排泥周期根据原水浊度和( )浊度确定，沉淀池前段宜加强排泥。采用其他形式排泥的，可依具体情况确定。

  A 滤后水   B 排泥水   C 出厂水   D 沉淀水

67. 水力循环澄清池的运行应注意的是( )。

①水力循环澄清池不宜连续运行；

②水力循环澄清池正常运行时，水量应稳定在设计范围内，并应保持喉管下部喇叭口处的真空度，且保证适量污泥回流；

③短时间停运后恢复投运时，应先开启底阀排除少量积泥

  A ①②   B ①③   C ①②③   D ②③

68. 操作人员应定期观察臭氧发生器运行过程中的臭氧供气( )，并做好记录。

  A 压力、温度   B 压力、温度、浓度

  C 温度、浓度   D 压力、浓度

69. 清水池卫生防护应做到的是( )。

①清水池顶不得堆放污染水质的物品和杂物；

②清水池顶种植植物时，严禁施放各种肥料；

③清水池应定期排空清洗，清洗完毕经消毒合格后，方能蓄水。清洗人员无须持有健康证；

④应定期检查清水池结构，确保清水池无渗漏

  A ①②③④   B ①③④   C ①②③   D ①②④

70. 原水泵房中多台不同型号水泵并联供水时，应根据水泵性能曲线合理调速，若采用调速泵和定速泵搭配供水，( )的水泵宜进行调速运行。

  A 流量小、扬程高   B 流量大、扬程低

  C 流量小、扬程低   D 流量大、扬程高

71. 原水输水管线的调度运行中，承压输水管道( )通水时均应先检查所有排气阀、排泥阀、安全阀，正常后方可投入运行。

  A 每次   B 每隔两次   C 每隔三次   D 每隔五次

72. 高锰酸钾预处理池调度运行表述正确的是( )。

  A 高锰酸钾宜投加在混凝剂投加点前，且接触时间不应低于10min

  B 高锰酸钾投加量应控制在0.5～2.5mg/L。实际投加量应通过烧杯搅拌实验确定

  C 高锰酸钾配制浓度应为5%～10%，且应计量投加

  D 配制好的高锰酸钾溶液可以长期存放

73. 平流式沉淀池必须做好排泥工作，采用排泥车排泥时，排泥周期根据( )确

定,沉淀池前段宜加强排泥。采用其他形式排泥的,可依具体情况确定。
   A 原水浊度和滤后水浊度　　　　B 原水浊度和排泥水浊度
   C 滤后水浊度和出厂水浊度　　　D 原水浊度和出厂水浊度

74. 脉冲澄清池运行时应注意( )。
   A 宜间断运行。冬季水温低时,宜用较小冲放比
   B 宜间断运行。冬季水温低时,宜用较大冲放比
   C 宜连续运行。冬季水温低时,宜用较大冲放比
   D 宜连续运行。冬季水温低时,宜用较小冲放比

75. 供水调度SCADA系统中的通信层次可分为( )。
   ①信息与管理层通信;②控制层的通信;③设备底层通信
   A ①②　　　B ①③　　　C ①②③　　　D ②③

76. 实施供水系统科学调度技术应用,一般需要经过建立供水管网地理信息系统、( )、管网建模和科学调度辅助决策系统四个建设阶段。
   A 水厂自控系统
   B 增压站控制系统
   C 办公自动化系统
   D 供水数据采集和监控系统(SCADA)

77. 控制设备为供水SCADA系统的下位机,常用的控制设备有( )。
   ①工控机(IPC);②远程终端(RTU);③可编程逻辑控制器(PLC);④单片机
   A ①②④　　　B ①③④　　　C ①②③　　　D ①②③④

78. 地理信息系统(GIS)相结合,( )是发展方向。
   A 宏观模型　　　　　　　　　B 微观模型
   C 宏观模型与微观模型　　　　D 管道模型

79. ( )是保护使用者头部免受外物伤害的个人防护用具。
   A 防毒面具　　B 安全帽　　C 安全带　　D 护目镜

80. 关于接地线的叙述,正确的是( )。
   A 接地线装设应先接导体端接地端,后接接地端
   B 接地线的作用是为了防止突然来电或高压电感对人体产生危害
   C 可以在接电线和设备间连接熔断器
   D 使用缠绕方式连接接地线

得　分	
评分人	

二、判断题(共20题,每题1分)

( ) 1. 静止液体中任何一点上各个方向的静水压强大小均相等,或者说其大小与作用面的方位无关。

( ) 2. 《生活饮用水卫生标准》GB 5749—2006中把水质指标分为常规和非常规

两大类。

（　　）3. 滴定时目光应集中在锥形瓶内的颜色变化上，同时去注视刻度的变化。

（　　）4. 分光光度法是一种比色分析方法。

（　　）5. 生活饮用水水质的基本要求规定：生活饮用水应经消毒处理。

（　　）6. 任一管段的计算流量包括该管段两侧的沿线流量和通过该管段输送到以后管段的转输流量。

（　　）7. 混合设备种类较多，应用于水厂混合的大致分为水泵混合、管式混合、机械混合等。

（　　）8. 生物接触氧化就是利用微生物群体的新陈代谢活动初步去除水中的氨氮、有机物等污染物。

（　　）9. 给水系统按供水方式可分为生活用水、生产给水和消防给水系统。

（　　）10. 离心泵的主要零件有叶轮、密封环、泵壳、泵轴、轴封装置等。

（　　）11. 导体的电阻是导体本身的一种性质，一般来说它的大小取决于导体的材料、长度、横截面积还有温度有关。

（　　）12. 办公软件指可以进行文字处理、表格制作、幻灯片制作、图形图像处理、简单数据库处理等方面工作的软件。

（　　）13. 水厂自动化系统为以 PLC 控制为基础的集散型控制系统。设备的软硬件及系统配置按现场有人值守，水厂监控中心分散管理运行的标准设计。

（　　）14. 水压合格率反映了一天中管网压力的服务质量情况，也在一定程度上反映了用水量与供水量之间的矛盾。

（　　）15. 供需平衡，即根据需求供应水量，管网用水需求是时刻变化的，且表现为管网水压的波动，控制好管网水压，也就达到了供需平衡的要求。

（　　）16. 在固定式取水口上游至下游适当地段应装设明显的标志牌，在有船只来往的河道，还应在取水口上装设信号灯，应不定期巡视标志牌和信号灯的完好。

（　　）17. 设时变化系数为 K，最高时用水量为 Q，平均时用水量为 Q_1，则平均时用水量 $Q_1=Q/K$。

（　　）18. 管网建模主要是通过数学模型静态模拟物理供水系统的运行状态。

（　　）19. 科学调度系统的主要流程是系统根据实际监测数据，通过模拟计算、分析决策，最后给出各个水厂每台泵机的开停操作和运行转速，使得管网运行费用相对较少。

（　　）20. 在水源水质突发事件应急处理期间，供水厂应根据实际情况调整水质检验项目，并增加检验频率。

供水调度工（四级 中级工）

理论知识试卷

注 意 事 项

1. 考试时间：90min。
2. 请仔细阅读各种题目的答题要求，在规定的位置填写您的答案。
3. 不要在试卷上乱写乱画。

	一	二	总分	统分人
得分				

得 分	
评分人	

一、单选题（共80题，每题1分）

1. 若 A 为过水断面面积，Q 为通过此过水断面的流量，$v=Q/A$，则 v 称为（　　）。
   A 断面流速　　　　　　　　B 断面瞬时流速
   C 断面平均流速　　　　　　D 断面累计流速

2. 恒定流能量方程式是（　　）守恒原理的水力学表达式。
   A 流速　　　B 质量　　　C 能量　　　D 动量

3. 根据边界条件的不同，把水头损失分为沿程水头损失和（　　）。
   A 恒定水头损失　　　　　　B 边界水头损失
   C 局部水头损失　　　　　　D 摩擦水头损失

4. 若 P 为静止液体内某点的压强，P_0 为液面压强，γ 为水的重力密度，h 为液面到该点的距离，则静水压强基本方程式为（　　）。
   A $P=P_0+\gamma h$　　　　　　B $P=P_0-\gamma h$
   C $P=P_0\times\gamma h$　　　　　　D $P=P_0/\gamma h$

5. 若 A_1、A_2 为过水断面面积，v_1、v_2 为相应的断面平均流速，则恒定流连续性方程的表达式为（　　）。
   A $v_1A_2=v_2A_1$　　　　　　B $v_1A_1=v_2A_2$
   C $v_1/A_1=v_2/A_2$　　　　　D 以上都不对

107

6. 《地表水环境质量标准》GB 3838—2002 将标准项目分为：地表水环境质量标准（　　）、集中式生活饮用水地表水源地补充项目、集中式生活饮用水地表水源地特定项目。

　　A　基本项目　　　　B　规范项目　　　　C　附加项目　　　　D　指定项目

7. 《地表水环境质量标准》GB 3838—2002 中规定Ⅲ类水的溶解氧标准限值为（　　）。

　　A　≥6mg/L　　　　B　≥5mg/L　　　　C　≥3mg/L　　　　D　≥2mg/L

8. 《地下水质量标准》GB/T 14848—2017 中规定（　　）有肉眼可见物。

　　A　Ⅱ类水　　　　B　Ⅲ类水　　　　C　Ⅳ类水　　　　D　Ⅴ类

9. 《生活饮用水卫生标准》GB 5749—2006 中把水质指标分为微生物指标等（　　）类。

　　A　3　　　　B　4　　　　C　5　　　　D　6

10. 目前全世界具有国际权威性、代表性的饮用水水质标准有世界卫生组织（WHO）的（　　）。

　　A　《饮用水水质准则》　　　　　　B　《饮用水水质指令》

　　C　《饮用水水质标准》　　　　　　D　《饮用水卫生标准》

11. 二次供水的采集应包括水箱或泵的（　　）处。

　　A　进水　　　　　　　　　　　　B　出水

　　C　进水及出水　　　　　　　　　D　进水或出水

12. 以下（　　）不是水样的前处理的目的。

　　A　减缓物理挥发和化学反应的速度

　　B　消除共存物质的干扰

　　C　将被测物质转化为可以进行测定的状态

　　D　当水中被测组分含量过低时，需富集浓缩后测定

13. 滴定管用于准确计量自滴定管内流出溶液的（　　）。

　　A　质量　　　　B　体积　　　　C　密度　　　　D　重量

14. 酸碱滴定法是利用酸和碱的（　　）反应的一种滴定分析方法。

　　A　中和　　　　B　配位　　　　C　氧化还原　　　　D　沉淀

15. EDTA 是在水质检测实验中最常用的（　　）。

　　A　金属配位剂　　　　　　　　　B　酸碱配位剂

　　C　氧化还原配位剂　　　　　　　D　氨羧配位剂

16. 比色分析方法是利用被测组分在一定条件下与试剂作用产生有色化合物，然后测量（　　）并与标准溶液相比较，从而测定组分含量的分析方法。

　　A　有色溶液的质量　　　　　　　B　有色溶液的含量

　　C　有色溶液的密度　　　　　　　D　有色溶液的深浅

17. 常用的需氯量试验方法有碘量法和（　　）。

　　A　沉淀法　　　　B　滴定法　　　　C　比色法　　　　D　中和法

18. 《水处理用滤料》CJ/T 43—2005 规定：含泥量试验最后是将（　　）一并干燥至恒量。

A 筛上截留的颗粒　　　　　　　　B 筒中洗净的样品
C 筛上截留的颗粒和筒中洗净的样品　D 筛上截留的颗粒或筒中洗净的样品

19.《地表水环境质量标准》GB 3838—2002 中规定Ⅲ类水的氨氮标准限值为（　　）。
A ≤0.15mg/L　　　　　　　　B ≤0.5mg/L
C ≤1.0mg/L　　　　　　　　D ≤1.5mg/L

20.《地下水质量标准》GB/T 14848—2017 中规定Ⅲ类水的色度标准值为（　　）。
A ≤1 度　　B ≤5 度　　C ≤10 度　　D ≤15 度

21.《生活饮用水卫生标准》GB 5749—2006 中，水质指标又分为常规和（　　）两大类。
A 非常规　　B 特殊　　C 标准　　D 重要

22. 水样从采集到送达实验室检测需一定的时间，在这段时间内水样会发生不同程度的变化，以下哪一项不是水样变质的原因。（　　）
A 生物因素　　B 化学因素　　C 物理因素　　D 人为因素

23. 滴定法是将一种已知准确浓度的试液通过滴定管滴加到被测物质的溶液中，直到所加的试剂溶液与被测物质的反应达到（　　）。
A 化学临界点　　B 化学反应点　　C 化学计量点　　D 化学终点

24. 给水系统中所有构筑物都是以（　　）用水量为基础进行设计。
A 最高日　　B 最低日　　C 平均日　　D 典型日

25. 对输水和配水系统的总要求有（　　）。
①供给用户所需的水量；②保证配水管网足够的水压；③保证不间断给水
A ①②　　B ②③　　C ①③　　D ①②③

26. 分区给水一般是根据（　　）将整个给水系统分成几区。
A 城市地形特点　　　　　　　　B 城市用水特点
C 城市水源特点　　　　　　　　D 城市给水特点

27. 原水中使得水体浑浊的杂质是（　　）。
A 溶解物　　B 胶体　　C 悬浮物　　D 胶体和悬浮物

28. 混凝剂按照化学成分可分为（　　）两大类。
A 无机和有机混凝剂　　　　　　B 无机盐和高分子混凝剂
C 铁盐和铝盐　　　　　　　　　D 混凝剂和助凝剂

29. 过滤不仅可以进一步降低水的浊度，而且水中部分（　　）等也会附着在悬浮颗粒上一并去除。
A 有机物　　　　　　　　　　　B 细菌
C 病毒　　　　　　　　　　　　D 有机物、细菌、病毒

30. 配水系统的作用是（　　）。
①使冲洗水在整个滤池面积上均匀分布；②在过滤时起到了均匀集水的作用；③在防止滤料从集水系统中流失
A ①②　　B ①③　　C ②③　　D ①②③

31. 以活性炭为代表的（　　）工艺是微污染水源水预处理的有效方法。
A 吸附　　B 氧化　　C 还原　　D 消毒

32. 给水系统通常由一系列构筑物和（　　）组成
A 泵站　　　　　　　　　　　B 高地水池、水塔
C 输配水管网　　　　　　　　D 净水厂

33. 环状网的特点有（　　）。
①供水可靠性增加；②大大减轻因水锤作用产生的危害；③造价明显比树状网高
A ①②　　　B ②③　　　C ①③　　　D ①②③

34. 以下哪一项不是采用分区给水系统的原因（　　）。
A 减少损坏水管和附件　　　　B 减少漏水量
C 降低供水能量费用　　　　　D 保证管网中水质较好

35. 管式静态混合器混合属于（　　）。
A 水泵混合　　B 管式混合　　C 机械混合　　D 池式混合

36. 离心泵是靠叶轮高速旋转时使液体获得（　　）而完成水泵的输水过程。
A 离心力　　　　　　　　　　B 轴向升力
C 离心力和轴向升力　　　　　D 离心力或轴向升力

37. 给水泵站按泵站在给水系统中的作用可分为（　　）。
①取水泵站；②送水泵站；③加压泵站；④循环泵站
A ①②　　　B ①②③　　　C ①②④　　　D ①②③④

38. 容积式水泵利用泵内工作室的容积发生（　　）的变化，使液体获得能量以达到输送液体的目的。
A 往复性　　　B 旋转性　　　C 周期性　　　D 随机性

39. 将水泵的（　　）和管路特性曲线按同一个比例同一个单位画在同一个坐标图上，两条曲线的交点即为水泵在该装置系统的运行工况点。
A 流量-扬程曲线　　　　　　　B 流量-轴功率曲线
C 流量-效率曲线　　　　　　　D 流量-允许吸上真空高度曲线

40. 密封环的作用是（　　）。
①减少泄漏；②防止进气；③承受磨损
A ①②　　　B ①③　　　C ②③　　　D ①②③

41. 串联电路说法错误的是（　　）。
A 干路开关控制所有支路负载，支路开关只控制其所在支路的负载
B 只有一条电流的路径，各元件顺次相连，没有分支
C 各负载之间相互影响，若有一个负载断路，其他负载也无法工作
D 串联电路的开关控制整条串联电路上的负载，并与其在串联电路中的位置无关

42. 交流电正半周内，其瞬时值的平均数称为交流电的（　　）。
A 瞬时值　　　B 最大值　　　C 平均值　　　D 有效值

43. 30kW以下的电动机启动方式一般是（　　）。
A 串联电阻降压启动　　　　　B Y/△降压启动
C 软启动　　　　　　　　　　D 直接启动

44. 当供电系统某部分发生故障时，继电保护装置只将故障部分切除，保证无故障部分继续运行。体现了继电保护装置的（　　）。

A 选择性　　　　B 速动性　　　　C 可靠性　　　　D 灵敏性

45. 不属于按变压器冷却方式分类的是(　　)。
A 油浸式变压器　　　　　　　B 充气式变压器
C 双绕组变压器　　　　　　　D 干式变压器

46. 将直流电与交流电分别通过同一个电阻，在相同的时间内，两者产生的热量相等，那么就用这个直流电的大小来表示这个交流电的(　　)。
A 瞬时值　　　　B 最大值　　　　C 平均值　　　　D 有效值

47. 将容量为(　　)的变压器称为中型变压器。
A 630kVA 及以下　　　　　　B 800～6300kVA
C 8000～63000kVA　　　　　 D 90000kVA 及以上

48. 计算机硬盘属于(　　)。
A 中央处理器　　　　　　　　B 存储器
C 主板　　　　　　　　　　　D 输入、输出设备

49. 可编程控制器输入输出模块单元常用的类型不包括(　　)。
A 开关量输入单元　　　　　　B 开关量输出单元
C 输入输出扩展接口　　　　　D 模拟量输入单元

50. 水厂设备的控制模式设三级控制，其中不包含(　　)。
A 就地　　　　　　　　　　　B 现场 PLC 控制站
C 监控中心　　　　　　　　　D 远程局域网

51. PLC 在一个扫描周期内基本上要执行的任务不包括(　　)。
A 输入输出信息处理任务　　　B 循环扫描任务
C 与外部设备接口交换信息任务　D 执行用户程序任务

52. (　　)是以城市地形图为背景，以供水管网的空间数据和属性数据为核心，开发出适合实际需要的供水管网管理系统，实现管网基础资料的动态管理。
A 分站监测系统　　　　　　　B 城市管网压力实时监测系统
C 给水管网地理信息系统　　　D 计算机局域网络

53. 供水系统所包含的设备、工艺较多，调度需要管理和调配供水系统包含的所有对象，故影响调度指挥的因素非常多，主要包括(　　)。
①地位因素；②素质因素；③设备因素
A ①②　　　　B ①②③　　　　C ①③　　　　D ②③

54. 设平均水压值为 P，水压值总和为 A，总检测次数为 n，则平均水压值 P 的计算公式为(　　)。
A $P=n/A$　　　B $P=A/n$　　　C $P=A·n$　　　D $P=A-n$

55. 提高管网服务压力可以采取对老旧城区、供水低压区原有的旧管道进行改造，(　　)、增强互连互通的措施。
A 减少管线、减少管径　　　　B 增设管线、增大管径
C 减小管线、增大管径　　　　D 增设管线、减小管径

56. 减少跑、漏是(　　)损漏率的主要手段之一。
A 增加　　　　B 维持　　　　C 改变　　　　D 降低

111

57. 监控各工艺环节的生产,确保沉淀池、滤池、清水池等各工艺点出水水质合格,这是(　　)的职责。

　　A　水厂调度　　　　B　站库调度　　　　C　原水调度　　　　D　中心调度

58. 絮凝的调度运行应注意的是(　　)。

　　① 当初次运行隔板、折板絮凝池时,进水速度不宜过大;

　　② 定时监测絮凝池出口絮凝效果,做到絮凝后水体中的颗粒与水分离度大、絮体大小均匀、絮体大而密实;

　　③ 絮凝池宜在 GT 值设计范围内运行;

　　④ 定期监测积泥情况,并避免絮粒在絮凝池中沉淀;当难以避免时,应采取相应排泥措施。

　　A　①②④　　　　B　①③④　　　　C　①②③　　　　D　①②③④

59. 原水调度巡视应做到的是(　　)。

　　① 在水源保护区或地表水取水口上游1000m至下游100m范围内(有潮汐的河道可适当扩大),必须依据国家有关法规和标准的规定定期进行巡视;

　　② 在固定式取水口上游至下游适当地段应装设明显的标志牌,在有船只来往的河道,还应在取水口上装设信号灯,应定期巡视标志牌和信号灯的完好;

　　③ 取水口、预沉池和水库都应按规定定期巡视;

　　④ 原水输水管线应设专人并佩戴标志定期进行全线巡视

　　A　①②④　　　　B　①③④　　　　C　①②③④　　　　D　①②③

60. 水厂、区域增压站跳车后的应急处理措施是(　　)。

　　① 厂站调度人员发现故障现象后,应立即联系事发单位值班人员,确认故障情况;

　　② 启用备用设备或已经排除故障时,厂站调度人员应立即安排恢复正常台时;不具备恢复条件或短时间无法恢复的,厂站调度员应立即采取减产调度应急措施;

　　③ 故障发生时,该厂站调度人员需将情况汇报中心调度及本厂站有关领导;

　　④ 排除故障恢复供水台时前,该厂站调度人员需报中心调度同意;

　　⑤ 影响管网水压时,中心调度值班员应及时通知有关人员,并采取应急调度措施,如:增加其他厂站供水台时,降低故障影响

　　A　①②③　　　　B　①②③④⑤　　　　C　①②③④　　　　D　①③④

61. 下列造成水厂减、停产的主要原因描述不正确的是(　　)。

　　① 二泵房机泵、变频器设备突发故障;

　　② 水厂供电线路、变电所设备故障影响二泵房供电;

　　③ 其他因素造成二泵房在用机泵突然跳闸;

　　④ 水厂照明电路、设备故障

　　A　①②　　　　B　②④　　　　C　④　　　　D　②③

62. 设水压合格率为 A,水压合格次数为 n,检测次数为 m,则水压合格次数 n 为(　　)。

　　A　$n=m/A$　　　　B　$n=m \cdot A$　　　　C　$n=A/m$　　　　D　$n=m \cdot (1-A)$

63. 在《城镇供水厂运行、维护及安全技术规程》CJJ 58—2009中规定,供水管网末梢压力不应低于(　　)m。

A 5　　　　　　B 10　　　　　　C 14　　　　　　D 20

64. 混凝剂采用压力式投加应注意的是（　　）。
① 采用手动方式应根据絮凝、沉淀效果及时调节；
② 定期清洗泵前过滤器和加药泵或计量泵；
③ 更换药液前，尽量要清洗泵体和管道；
④ 各种形式的投加工艺均应配置计量器具，并定期进行检定；
⑤ 当需要投加助凝剂时，应根据试验确定投加量和投加点
A ①②④　　　B ①②③④　　　C ①②④⑤　　　D ①②③④⑤

65. 自然预沉淀的调度运行应注意的是（　　）。
① 正常水位控制应保持经济运行，运行水泵或机组记录运行起止时间；
② 高寒地区在冰冻期间应根据本地区的具体情况制定水位控制标准和防冰凌措施；
③ 应根据原水水质、预沉池的容积及沉淀情况确定适宜的排泥频率，并遵照执行
A ①②　　　　B ①②③　　　　C ①③　　　　　D ②③

66. 斜管、斜板沉淀池的调度运行应注意的是（　　）。
① 必须做好排泥工作，保持排泥阀的完好、灵活，排泥管道的畅通；排泥周期根据原水浊度和出厂水浊度确定；
② 启用斜管（板）时，初始的上升流速应缓慢，防止斜管（板）漂起；
③ 斜管（板）表面及斜管管内沉积产生的絮体泥渣应定期进行清洗；
④ 斜管、斜板沉淀池的出口应设质量控制点；
⑤ 斜管、斜板沉淀池出水浑浊度指标宜控制在 3NTU 以下
A ①②③④　　B ②③④⑤　　　C ①②④⑤　　　D ①②③④⑤

67. 滤池应在过滤后设置质量控制点，滤后水浑浊度应（　　）。
A 小于设定目标值。滤池初用或冲洗后上水时，池中的水位不得低于排水槽，严禁暴露砂层
B 大于设定目标值。滤池初用或冲洗后上水时，池中的水位不得高于排水槽，严禁暴露砂层
C 大于设定目标值。滤池初用或冲洗后上水时，池中的水位不得低于排水槽，严禁暴露砂层
D 小于设定目标值。滤池初用或冲洗后上水时，池中的水位不得高于排水槽，严禁暴露砂层

68. 臭氧发生器气源系统的操作运行应按臭氧发生器操作手册所规定的程序进行，操作人员应定期观察供气的（　　）是否正常。
A 压力和沸点　　　　　　　　B 压力和熔点
C 压力和露点　　　　　　　　D 熔点和沸点

69. 设有斜管、斜板的浓缩池，初始进水（　　）。
A 速度或上升流速应快速。浓缩池长期停用时，应将浓缩池放空
B 速度或上升流速应缓慢。浓缩池长期停用时，应将浓缩池放空
C 速度或上升流速应快速。浓缩池长期停用时，应将浓缩池蓄满
D 速度或上升流速应缓慢。浓缩池长期停用时，应将浓缩池蓄满

70. 在水源保护区或地表水取水口（　　）范围内（有潮汐的河道可适当扩大），必须依据国家有关法规和标准的规定定期进行巡视。

A　上游 100m 至下游 100m　　　　B　上游 100m 至下游 1000m
C　上游 1000m 至下游 100m　　　　D　上游 1000m 至下游 1000m

71. 混凝剂采用吸入与重力相结合式投加，高位罐的药液进入转子流量计前，应安装（　　）设施。

A　恒流　　　　B　恒压　　　　C　恒温　　　　D　恒湿

72. 混合的调度运行正确的表述是(　　)。

A　混合宜控制好 GT 值，当采用机械混合时，GT 值应在供水厂搅拌试验指导基础下确定

B　当采用高分子絮凝剂预处理高浑浊度水时，混合宜急剧

C　混合设施与后续处理构筑物的距离应远，并采用间接连接方式

D　混合后进入絮凝，最长时间不宜超过 20min

73. 斜管、斜板沉淀池出水浑浊度指标宜控制在(　　)NTU 以下。

A　3　　　　B　5　　　　C　10　　　　D　15

74. 普通快滤池的调度运行中，滤床的淹没水深不得小于(　　)m。

A　0.5　　　　B　1　　　　C　1.5　　　　D　2

75. 科学调度系统一般可分为(　　)。

A　离线调度模块与在线调度模块　　　B　分时调度模块与实时调度模块
C　离线调度模块与分时调度模块　　　D　分时调度模块与在线调度模块

76. 科学调度辅助决策系统是供水科学调度技术应用的四个阶段之一，它运行在(　　)的基础上，通过给定的供水安全限制条件和经济性参数求解调度方案，利用计算机寻优算法进行方案比选。

A　水厂模型　　　　　　　　　B　管网模型
C　泵站模型　　　　　　　　　D　水压模型

77. 科学调度系统一般包含(　　)模块。

①管网微观模型；②水量预测；③管网宏观模型；④调度决策和指令系统

A　①②④　　　　　　　　　　B　①②③④
C　①③④　　　　　　　　　　D　①②③

78. 以下(　　)不会降低管网模型准确性。

A　管道口径资料与实际不符
B　水泵的切削或磨损，水泵水力特性曲线已经改变
C　阀门开启度、位置等信息与实际一致
D　无法得到水泵的特性曲线样本

79. 下列关于触电急救的做法错误的是(　　)。

A　徒手拉开触电者　　　　　　B　尽快与医疗部门联系
C　使触电者迅速脱离电源　　　D　切断电源

80. 国家一般将各种突发事件都分为(　　)个级别。

A　二　　　　B　三　　　　C　四　　　　D　不确定

得 分	
评分人	

二、判断题（共20题，每题1分）

（　　）1. 有压管流中，由于诸如阀门突然启闭或水泵机组突然停机等某种原因使水流速度发生突然变化，同时引起管内压强大幅度波动的现象，称为水锤。

（　　）2. 管网末梢水采集时应打开龙头放水数分钟，排出沉淀物。

（　　）3. 水质分析中，常用氨羧配位滴定法测定水中二价和三价的金属离子。

（　　）4. 氧化还原滴定法，是利用氧化还原反应的滴定方法，可以用于测定各种变价元素和化合物的含量。

（　　）5. 指定质量称量法适用于称取易吸水、易氧化、易与二氧化碳反应等在空气中相对不稳定的粉末状或颗粒状物质。

（　　）6. 由水体运动所引起的颗粒碰撞聚集称为异向絮凝。

（　　）7. 分区给水系统一般可分为并联分区和串联分区。

（　　）8. 平流式沉淀池分为进水区、沉淀区、出水区和存泥区四部分。

（　　）9. 原水中的杂质按照粒径从大到小依次为溶解物、胶体和悬浮物。

（　　）10. 多台泵的并联运行，一般是建立于各台泵的流量范围比较接近的基础上。

（　　）11. 并联电路由干路和若干条支路构成，每条支路各自和干路形成回路，每条支路两端的电压不相等。

（　　）12. 计算机语言包括机器语言、汇编语言、高级语言。

（　　）13. 微处理器单元是PLC存放系统程序、用户程序和运行数据的单元，它包括只读存储器（ROM）和随机存取存储器（RAM）。

（　　）14. 降低成本，是提高经济效益的主要途径，在供水企业的运行成本中，电耗占据很大的比重。

（　　）15. 管网调度需要分析管网实时等水压线、等水头线，寻找管网压力不合理区域、流速不经济管段，并制定合理方案，对管网相关阀门进行调整。

（　　）16. 絮凝的调度运行过程中，当初次运行隔板、折板絮凝池时，进水速度应尽量大。

（　　）17. 在给排水设计规范中，满足一层楼的自由水头为10m，二层为12m，三层以上每层增加2m。

（　　）18. 管网建模首先需要做好管网基础资料的收集、整理和核对工作，管网建模与建立管网地理信息系统（GIS）相结合（微观模型）是发展方向。

（　　）19. 供水管网地理信息系统（GIS）主要管理组成供水系统的水泵、管道、阀门和水表等各类物理管件的运行状态和动态信息。

（　　）20. 在室内配电装置上，接地线应装在该装置导电部分的规定地点，这些地点的油漆应刮去，并划下红色记号。

供水调度工(三级 高级工)

理论知识试卷

注 意 事 项

1. 考试时间:90min。
2. 请仔细阅读各种题目的答题要求,在规定的位置填写您的答案。
3. 不要在试卷上乱写乱画。

	一	二	三	总分	统分人
得分					

得 分	
评分人	

一、单选题(共60题,每题1分)

1. 相对压强是以( )为零点计量的压强值。
   A 完全真空　　B 当地大气压　　C 标准大气压　　D 工程大气压

2. 静止液体中某一点的静水压强( )并指向受压面。
   A 平行　　　　B 垂直　　　　C 倾斜　　　　D 不确定

3. 若 z_1、z_2 为过水断面位能,p_1/γ、p_2/γ 为相应断面的压能,$v_1^2/2g$、$v_2^2/2g$ 为相应断面的动能,则理想液体恒定流能量方程的表达式为( )。
   A $z_1+z_2=p_1/\gamma+p_2/\gamma=v_1^2/2g+v_2^2/2g$
   B $z_1+z_2+p_1/\gamma+p_2/\gamma=v_1^2/2g+v_2^2/2g$
   C $z_1+z_2=p_1/\gamma+p_2/\gamma+v_1^2/2g+v_2^2/2g$
   D $z_1+p_1/\gamma+v_1^2/2g=z_2+p_2/\gamma+v_2^2/2g$

4. 根据圆管局部水头损失计算公式可知,( )与局部水头损失成正比。
   A 管长　　　B 管径　　　C 管长和管径　　　D 断面平均流速

5. 若 ζ 为局部阻力系数,v 为断面平均流速,g 为重力加速度,则局部水头损失 h_f 的计算公式为( )。
   A $h_f=\zeta v^2/2g$　　　　　　　　B $h_f=v^2/2\zeta g$
   C $h_f=\zeta/2v^2 g$　　　　　　　　D $h_f=1/2\zeta v^2 g$

116

6. 以下哪一项不是 EDTA 配位滴定中常见的指示剂。(　　)
   A　金属指示剂　　　　　　　　B　酸碱指示剂
   C　氧化还原指示剂　　　　　　D　沉淀指示剂

7. 重量分析法是用适当的方式将试样中的待测组分与其他组分分离，最后用(　　)的方法测定该组分含量的定量分析方法。
   A　滴定　　　　B　比色　　　　C　称量　　　　D　化学

8. 《水的混凝、沉淀试杯试验方法》GB/T 16881—2008 中规定：快速搅拌转速和时间分别为(　　)。
   A　40r/min，30～60s　　　　　B　120，60～120s
   C　40r/min，60～120s　　　　 D　120，30～60s

9. 《水处理用滤料》CJ/T 43—2005 规定：若 G 是淘洗前样品的质量，G_1 是淘洗后样品的质量，则含泥量是(　　)。
   A　$(G-G_1)/G$　　B　$(G-G_1)/G_1$　　C　$(G_1-G)/G$　　D　$(G_1-G)/G_1$

10. 《地表水环境质量标准》GB 3838—2002 中规定Ⅲ类水的粪大肠菌群标准限值为(　　)。
    A　≤2000 个/L　　B　≤10000 个/L　　C　≤20000 个/L　　D　≤40000 个/L

11. 《地下水质量标准》GB/T 14848—2017 中规定Ⅲ类水的总大肠菌群标准值为(　　)。
    A　≤1 个/L　　B　≤3 个/L　　C　≤10 个/L　　D　≤100 个/L

12. 水质指标又分为(　　)两大类。
    A　常规和非常规　　　　　　　B　重要和非重要
    C　指定和非指定　　　　　　　D　标准和非标准

13. 关于水样保存的化学试剂保存法叙述正确的是(　　)。
    ① 加入生物抑制剂，包括抑菌剂和抑真菌剂；
    ② 调节 pH 值，如测定金属离子的水样常用硝酸酸化至 pH 值介于 6～7 之间；
    ③ 加入氧化剂或还原剂，如测定溶解氧的水样需加入少量硫酸锰和碱性碘化钾固定溶解氧
    A　①②　　　　B　②③　　　　C　①③　　　　D　①②③

14. 滴定过程中当观察到(　　)的颜色发生突变而终止滴定时，称为滴定终点。
    A　滴定剂　　　B　滴定溶液　　　C　被测溶液　　　D　指示剂

15. 当溶液中某难溶电解质的离子浓度乘积如果(　　)其溶度积值时，就能生成沉淀。
    A　大于　　　　B　小于　　　　C　等于　　　　D　不确定

16. 与滴定分析法相比，以下哪一项不是重量分析法具有的特点。(　　)
    A　不需要与基准试剂或标准物质进行比较
    B　获得结果的途径更为直接
    C　准确度高
    D　对于常量组分测定的相对误差一般不超过±1%

17. 在水质分析中，用(　　)测量水的电导率。

A 直接电导法 B 间接电导法
C 电导滴定法 D 电导分析法

18. 《水处理用滤料》CJ/T 43—2005 规定含泥量试验中,把滤料搅拌浸泡淘洗后的浑水慢慢倒入孔径为( )的筛中。
A 0.01mm B 0.05mm C 0.08mm D 0.10mm

19. 以下哪一项不是影响混凝效果的主要因素。( )
A 水温 B 水的pH值 C 水的碱度 D 水的氨氮值

20. 滤料粒径级配指滤料中各种粒径颗粒所占的( )比例。
A 质量 B 重量 C 体积 D 密度

21. 氯气遇水会生成( )。
A HCl、NH_4Cl B $HOCl$、NH_4Cl
C NH_4OCl、NH_4Cl D HCl、$HOCl$

22. 化学预氧化技术中常用的氧化剂有( )。
①氯;②二氧化氯;③臭氧;④高锰酸钾
A ①②③ B ①②④ C ①③④ D ①②③④

23. 以下哪一项不是水温对混凝效果的影响。( )
A 水中杂质颗粒布朗运动 B 胶粒水化作用
C 水的pH值 D 水的碱度

24. 澄清池主要依靠( )的拦截和吸附达到澄清的目的。
A 混合泥渣层 B 絮凝泥渣层 C 混凝泥渣层 D 活性泥渣层

25. 不均匀系数愈大表示( )。
①粗细颗粒尺寸相差越远;②滤料均匀性越差;③滤料下层含污能力越高;④反冲洗后滤料易出现上细下粗的现象
A ①②③ B ①②④ C ①③④ D ①②③④

26. ( )不是滤前加氯(原水预氧化)作用。
A 避免藻类滋生 B 减少消毒副产物
C 提高混凝效果 D 氧化水中的有机物

27. 臭氧-生物活性炭工艺中活性炭上附着的硝化菌的主要作用是( )。
A 降低 COD 浓度 B 降低 NH_3-N 浓度
C 增加 NH_3-N 浓度 D 增加 COD 浓度

28. 当管径 $D=100\sim400$mm 时的平均经济流速为( )。
A 0.1~0.6m/s B 0.6~0.9m/s C 0.9~1.4m/s D 1.4~2.0m/s

29. 轴封装置的作用是为了防止泵轴与泵壳之间的( )。
①漏水;②进气;③磨损
A ①② B ①③ C ②③ D ①②③

30. 若 Q 为所输送液体的体积流量,H 为泵的全扬程,γ 为所输送液体的重力密度,则泵的有效功率为( )。
A $\gamma QH/1000$ B $\gamma/1000QH$ C $QH/1000\gamma$ D $1/1000\gamma QH$

31. 同型号、同水位、对称布置的两台水泵并联运行时,一台泵单独运行的流量

（　　）并联运行时每一台泵的流量。
   A 小于　　　　B 大于　　　　C 等于　　　　D 不确定

32. 为了安装上方便和避免管路上的应力传至水泵机组，一般应在吸水管路和压水管路上需设置（　　）。
   A 伸缩节　　　B 支墩　　　　C 拉杆　　　　D 止回阀

33. 应满足电力用户对供电可靠性即连续供电的要求，体现了对用户供配电系统的（　　）要求。
   A 安全　　　　B 可靠　　　　C 优质　　　　D 经济

34. （　　）是指继电保护装置对被保护的电气设备可能发生的故障和不正常运行状态的反应能力。
   A 选择性　　　B 速动性　　　C 可靠性　　　D 灵敏性

35. 属于按变压器绕组数目分类的是（　　）。
   A 油浸式变压器　　　　　　　B 三相变压器
   C 自耦变压器　　　　　　　　D 干式变压器

36. 变压器一般不用于（　　）电路。
   A 直流　　　　B 交流　　　　C 单相　　　　D 三相

37. 中断供电将造成人身伤亡者，或在政治、经济上将造成重大损失者是（　　）。
   A 一级负荷　　B 二级负荷　　C 三级负荷　　D 四级负荷

38. （　　）编出的程序全是些0和1的指令代码，直观性差，还容易出错。
   A 机器语言　　B 汇编语言　　C 高级语言　　D 数据库

39. 整体式结构类可编程控制器的缺点是（　　）。
   A 结构紧凑　　　　　　　　　B 体积小
   C 成本低　　　　　　　　　　D 输入输出点数固定

40. 可编程控制器的工作原理与计算机的工作原理是基本一致的，它通过执行（　　）来实现控制任务。
   A 系统程序　　B 用户程序　　C 输入程序　　D 输出程序

41. 可编程控制（　　）编程语言类似于计算机中的助记符语言，是用一个或几个容易记忆的字符来代表可编程控制器的某种操作功能。
   A 梯形图　　　B 指令表　　　C 功能图　　　D 功能块图

42. 水厂自控系统三层结构不包含（　　）。
   A 信息层　　　B 控制层　　　C 设备层　　　D 网络层

43. 日变化系数值实质上显示了一定时期内（　　）。
   A 用水量变化数值的大小，反映了用水量的不均匀程度
   B 用水量变化幅度的大小，反映了用水量的不均匀程度
   C 用水量变化数值的大小，反映了用水量的均匀程度
   D 用水量变化幅度的大小，反映了用水量的增减程度

44. 活性炭滤池的调度运行应注意的是（　　）。
   ① 活性炭滤池冲洗水宜采用活性炭滤池的滤后水作为冲洗水源；
   ② 冲洗活性炭滤池时，排水阀门应处于全开状态，且排水槽、排水管道应畅通，不

应有壅水现象；

③ 用高位水箱供冲洗水时，高位水箱不得放空；

④ 用泵直接冲洗活性炭滤池时，水泵填料不得漏气

  A ①②③④   B ①③④   C ①②③   D ①②④

45．调度 SCADA 系统监控中出现（ ）现象时，初判输配水管道发生爆管。

① 水厂、区域增压站出水压力陡降，出水流量陡增；

② 区域性管网水压陡降；

③ 水厂、区域增压站出水压力陡降，出水流量陡降

  A ①   B ①②③   C ①②   D ②③

46．选择测流点位时，尽可能选在（ ）。

  A 主要支管节点附近的直管上   B 主要干管节点附近的弯管上

  C 主要干管节点附近的直管上   D 主要支管节点附近的弯管上

47．絮凝的调度运行不正确的表述是（ ）。

  A 当初次运行隔板、折板絮凝时，进水速度尽量大

  B 定时监测絮凝池出口絮凝效果，做到絮凝后水体中的颗粒与水分离度大、絮体大小均匀、絮体大而密实

  C 絮凝池宜在 GT 值设计范围内运行

  D 定期监测积泥情况，并避免絮粒在絮凝池中沉淀；当难以避免时，应采取相应排泥措施

48．水力循环澄清池短时停运后恢复投运时，应（ ）。

  A 适当增加投药量，进水量控制在正常水量的 70%，待出水水质正常后，逐步增加到正常水量，同时减少投药量至正常投加量

  B 适当减少投药量，进水量控制在正常水量的 70%，待出水水质正常后，逐步增加到正常水量，同时减少投药量至正常投加量

  C 适当增加投药量，进水量控制在正常水量的 30%，待出水水质正常后，逐步增加到正常水量，同时增加投药量至正常投加量

  D 适当减少投药量，进水量控制在正常水量的 50%，待出水水质正常后，逐步增加到正常水量，同时增加投药量至正常投加量

49．活性炭滤池滤后水（ ）。

  A 浑浊度不得大于 1NTU，全年的滤料损失率不应大于 10%

  B 浑浊度不得大于 1NTU，全年的滤料损失率不应大于 30%

  C 浑浊度不得大于 3NTU，全年的滤料损失率不应大于 20%

  D 浑浊度不得大于 5NTU，全年的滤料损失率不应大于 30%

50．臭氧尾气消除装置的处理气量应与臭氧发生装置的处理气量（ ）。

  A 不一致   B 一致或不一致都可以

  C 根据不同情况决定   D 一致

51．清水池的（ ）必须有防水质污染的防护措施。

  A 检测孔、通气孔和人孔   B 检测孔、人孔

  C 检测孔、通气孔   D 通气孔、人孔

52. 当污泥脱水设备停运间隔超过（　　）h时，应对脱水设备与泥接触的部件、输泥管路，加药管线和设备进行清洗。
   A　24　　　　　B　48　　　　　C　72　　　　　D　96
53. 采用真空式加氯机和水射器装置时，水射器的水压应（　　）MPa。
   A　小于0.3　　B　大于0.3　　C　小于0.1　　D　大于1.0
54. 二氧化氯与水应充分混合，（　　）。
   A　有效接触时间不少于30min，设备间内应有每小时换气8~12次的通风设施
   B　有效接触时间不少于30min，设备间内应有每小时换气12~20次的通风设施
   C　有效接触时间不少于90min，设备间内应有每小时换气8~12次的通风设施
   D　有效接触时间不少于90min，设备间内应有每小时换气12~20次的通风设施
55. 下列不属于用水量预测主要采用的方法的有（　　）。
   ①回归分析法；②时间序列法；③智能方法，如神经网络法；④观察对比法
   A　①②④　　　B　④　　　　　C　①②③　　　D　①②③④
56. 管网建模主要是通过数学模型（　　）模拟物理供水系统的运行状态。
   A　静态　　　　B　动态　　　　C　不定时　　　D　不确定
57. 用水量预测是调度决策的前提，它的准确度直接影响到调度决策结果的准确性，一般可分为（　　）两大类。
   A　日预测和时预测　　　　　　　B　年预测和月预测
   C　长期预测和短期预测　　　　　D　月预测和日预测
58. 移动算术平均法是（　　）中的一种。
   A　回归分析法　B　时间序列法　C　神经网络法　D　观察对比法
59. 应急预案（　　）是针对不同供水事故而制定的具体处理流程，主要包括信息传递流程、事故处理步骤、事故后的生产恢复步骤。
   A　编制目的　　B　适用范围　　C　处置程序　　D　信息来源
60. 发觉跨步电压时，下列处理方法中正确的是（　　）。
   A　双脚并拢跳出危险区　　　　　B　轻轻走出危险区
   C　匍匐前进　　　　　　　　　　D　趴下等待救援

得　分	
评分人	

二、判断题（共20题，每题1分）

（　　）1. 对于圆管满流，实际流动液体的雷诺数 $Re>2300$，流态为层流。

（　　）2.《地表水环境质量标准》GB 3838—2002中规定Ⅰ类水主要用于集中式生活饮用水地表水源地一级保护区、珍稀水生生物栖息地、鱼虾类产场、仔稚幼鱼的索饵场等。

（　　）3. 滴定分析法是将被测物质的溶液通过滴定管滴加到一种已知准确浓度的试液中。

(　　)4.《水的混凝、沉淀试杯试验方法》GB/T 16881—2008 中规定的试验主要包括快速搅拌、慢速搅拌、静止沉淀三个步骤。

(　　)5. 目视比色法所需仪器设备简单，操作方便，但是不适合大批量的水样分析。

(　　)6. 澄清池从净化作用原理和特点上可分成泥渣接触过滤型澄清池和泥渣接触分离型澄清池。

(　　)7. 常用滤池有双阀滤池、无阀滤池、双层滤料滤池、V 形滤池。

(　　)8. 聚合氯化铝属于无机混凝剂。

(　　)9. 给水管网布置形式中，树状网与环状网相比，供水可靠性较差，末端水质容易变坏，造价也较高。

(　　)10. 当吸水管路内真空值小于一定值时，水中溶解气体会因压力减小而逸出，管路中就可能会产生出现积气现象。

(　　)11. 电动机直接启动电流大，而降压启动限制了启动电流，启动转矩同时降低，适应各类负载的要求，不会产生启动冲击。

(　　)12. 操作系统是管理和控制计算机硬件与软件资源的计算机程序，是直接运行在"裸机"上的最基本的系统软件。

(　　)13. 可编程控制器的中断源有优先顺序，一般无嵌套关系，只有在原中断处理程序结束后，再进行新的中断处理。

(　　)14. 通过观察等水压线图，可以了解各个管段的负荷是否均匀，找出不合理的管径和管段；观察低压区的分布和面积，为合理调度和管网改造提供可靠依据。

(　　)15. 在一日内，用来反映用水量逐时变化幅度大小的参数称为日变化系数。

(　　)16. 混凝剂宜手动投加，控制模式可根据各供水厂条件自行决定。

(　　)17. 水力循环澄清池初始运行前，应调节好喷嘴和喉管的距离。

(　　)18. 在 SCADA 系统中，计算机主要用于现场数据测量采集，国内外许多厂家都推出了基于 Windows 的 SCADA 组态软件。

(　　)19. 管网建模初期可以对管网基础资料的准确度暂时不做要求。

(　　)20. 待用氯瓶的堆放不得超过三层。投入使用的卧置氯瓶，其两个主阀间的连线应平行于地面。

得　分	
评分人	

三、多选题：（共 10 题，每题 2 分。每题的备选项中有两个或两个以上符合题意。错选或多选不得分，漏选得 1 分）

1. 防止水锤危害的措施有(　　)。
   A　限制管中流速　　　　　　　　B　控制阀门关闭或开启时间
   C　缩短管道长度　　　　　　　　D　采用弹性模量较大的管道
   E　设置安全阀或减压设施

2.《地表水环境质量标准》GB 3838—2002 中规定Ⅱ类水主要用于(　　)。

A 集中式生活饮用水地表水源地一级保护区
B 集中式生活饮用水地表水源地二级保护区
C 珍稀水生生物栖息地
D 鱼虾类越冬场
E 仔稚幼鱼的索饵场

3. 折板絮凝池的优点有（　　）。
A 絮凝效果较好
B 絮凝时间较短
C 水流条件较好
D 安装维修较方便
E 池子体积减小

4. 泵站在运行中发生水锤原因有（　　）。
A 迅速操作阀门使水流速度发生急剧变化
B 管道中出现水柱中断
C 配电系统故障、误操作、雷击等情况下的突然停泵
D 出水阀、止回阀阀板突然脱落使流道堵塞
E 泵的出水管上安装微阻缓闭止回阀

5. 电动机按结构及工作原理可分为（　　）。
A 直流电动机
B 单相电动机
C 三相电动机
D 异步电动机
E 同步电动机

6. 计算机硬件组成有（　　）。
A 中央处理器
B 存储器
C 操作系统
D 主板
E 输入、输出设备

7. 可编程控制器提供的编程语言通常有（　　）。
A 梯形图
B 原理图
C 指令表
D 功能图
E 模拟图

8. 总水头等压线的疏密程度可以反映管道的用水负荷高低，等压线密的管道可能存在（　　）等情况。
A 设计管径偏大
B 管道阻塞
C 阀门未开足
D 设计管径偏小
E 管道漏水

9. 管网模型建立的流程主要包括（　　）。
A 管网建模的基础工作，如管网基础资料的收集、整理和核对等
B 管网模型的表达，如将系统中实际的管段、阀门和水泵等设施转化成抽象的线和节点等对象等
C 模型的校核与修正，验证管网模型的准确性，并随时修正
D 模型的运行，如试运行、人员培训、项目验收等
E 明确管网模型建立的目标及用途，确定管网模型的精度级别

10. 危险化学品入库时,需要严格检验物品的(　　)。
A 气味　　　　　　　　　　B 质量
C 数量　　　　　　　　　　D 包装情况
E 有无泄漏

供水调度工（五级 初级工）

操作技能试题

[试题1] 绘制水厂工艺管线图

考场准备：

序号	名称	规格	单位	数量	备注
1	答题纸	A4	份	1	
2	草稿纸	A4	张	1	
3	计时器		个	1	不带通信功能

考生准备：
黑色或蓝色的签字笔。
考核内容：
（1）本题分值：100分
（2）考核时间：15min
（3）考核形式：笔试
（4）具体考核要求：
① 在指定地点考试作答。
② 在规定时间内完成答卷。
③ 用黑色或蓝色的钢笔或签字笔答题。
④ 试卷卷面干净整洁，字迹工整。
⑤ 根据水厂生产现状，绘制工艺管线图，能够完整正确地绘制工艺构筑物、主要工艺管线、阀门、泵房机泵及其参数。
（5）评分
配分与评分标准：

序号	考核内容	考核要点	配分	考核标准	扣分	得分
1	工艺构筑物的绘制	工艺构筑物绘制完整	10	1. 漏一处，扣2分； 2. 该项扣完为止		
		工艺构筑物的流程顺序绘制正确	10	1. 错误一处，扣2分； 2. 该项扣完为止		

续表

序号	考核内容	考核要点	配分	考核标准	扣分	得分
2	主要工艺管线的绘制	主要工艺管线绘制完整	10	1. 漏一处，扣2分； 2. 该项扣完为止		
		主要工艺管线的管径标注正确	10	1. 错误一处，扣1分； 2. 该项扣完为止		
		主要工艺管线与相应的构筑物连接正确	10	1. 错误一处，扣1分； 2. 该项扣完为止		
3	主要工艺阀门的绘制	主要工艺阀门绘制完整	10	1. 漏一处，扣1分； 2. 该项扣完为止		
		主要工艺阀门的口径标注正确	10	1. 错误一处，扣1分； 2. 该项扣完为止		
4	泵房机泵的绘制	泵房机泵绘制完整	10	1. 漏一处，扣1分； 2. 该项扣完为止		
		泵房机泵的参数标注正确	15	1. 错误一处，扣1分； 2. 该项扣完为止		
5	卷面书写	卷面书写要求整洁规范	5	1. 未做到字迹工整、页面整洁酌情扣1~3分； 2. 不规范涂改1次扣1分，规范涂改超过3次，每增加1次扣1分； 3. 该项扣完为止		
6	操作时间	15min 内完成	—	计时结束终止考试，上交试卷		
	合 计		100			

否定项：若考生发生下列情况之一，则应及时终止其考核，考生该试题成绩记为零分。
(1) 不服从现场工作人员或考评员的组织安排、扰乱考核秩序者；
(2) 有弄虚作假、篡改数据等行为者。

评分人：　　　年　月　日　　　　　　核分人：　　　年　月　日

[试题2] 沉淀池、滤池巡视检查

考场准备：

序号	名称	规格	单位	数量	备注
1	记录纸	A4	份	1	
2	草稿纸	A4	张	1	
3	计时器		个	1	不带通信功能
4	测温枪		个	1	
5	电筒		个	1	

考生准备：
黑色或蓝色的签字笔。
考核内容：
（1）本题分值：100分
（2）考核时间：30min
（3）考核形式：实际操作
（4）具体考核要求：
① 在指定地点考试。
② 在规定时间内完成巡视。
③ 用黑色或蓝色的钢笔或签字笔记录。
④ 记录表干净整洁，字迹工整。
⑤ 根据巡视规程，对沉淀池、滤池按照巡视路线进行巡视，内容完整正确规范，巡视记录填写完整正确，能作出正确的巡视结论。
（5）评分
配分与评分标准：

序号	考核内容	考核要点	配分	考核标准	扣分	得分
1	巡视前的准备	巡视工具准备完整	10	1. 漏一个，扣2分； 2. 该项扣完为止		
		巡视线路制定完整	10	1. 错误一处，扣2分； 2. 该项扣完为止		
2	巡视检查内容	对设备及构筑物的巡视内容完整无漏项	10	1. 漏一项，扣2分； 2. 该项扣完为止		
3		对设备及构筑物的巡视内容巡视操作正确	20	1. 错误一处，扣2分； 2. 该项扣完为止		
4		对设备及构筑物的巡视内容巡视操作规范	10	1. 不规范操作一处，扣1分； 2. 该项扣完为止		
5	巡视记录	记录数据完整	10	1. 漏一处，扣1分； 2. 该项扣完为止		
6		记录数据正确	10	1. 错误一处，扣1分； 2. 该项扣完为止		
7		数据的分析判断正确	10	1. 无分析判断不得分； 2. 分析判断错误一处扣1分； 3. 该项扣完为止		
8	巡视结论	巡视结论正确	10	1. 无结论不得分； 2. 结论错误不得分		

续表

序号	考核内容	考核要点	配分	考核标准	扣分	得分
9	巡视时间	30min 内完成	—	计时结束终止考试，上交巡视记录表		
	合 计		100			

否定项：若考生发生下列情况之一，则应及时终止其考核，考生该试题成绩记为零分。
（1）不服从现场工作人员或考评员的组织安排、扰乱考核秩序者；
（2）有弄虚作假、篡改数据等行为者；
（3）操作违规、失误造成仪表设备设施损坏。

评分人：　　　　年　月　日　　　　　　　　核分人：　　　　年　月　日

供水调度工（四级 中级工）

操作技能试题

[试题1] 出厂水余氯不合格的原因分析及处理

考场准备：

序号	名称	规格	单位	数量	备注
1	答题纸	A4	份	1	
2	草稿纸	A4	张	1	
3	计时器		个	1	

考生准备：
黑色或蓝色的签字笔。

考核内容：

（1）本题分值：100分

（2）考核时间：15min

（3）考核形式：笔试

（4）具体考核要求

① 在指定地点考试作答。

② 在规定时间内完成答卷。

③ 用黑色或蓝色的钢笔或签字笔答题。

④ 试卷卷面干净整洁，字迹工整。

⑤ 掌握出厂浊度的控制指标；能够正确完整的分析出厂水浊度不合格的原因并采取相应的处理措施。

（5）评分

配分与评分标准：

序号	考核内容	考核要点	配分	考核标准	扣分	得分
1	出厂水余氯控制指标	控制指标表述正确	5	1. 错误一项扣2分； 2. 不规范表述一项扣1分； 3. 该项扣完为止		
2	原因分析	出厂水余氯仪故障	5	1. 漏一项扣2分； 2. 不规范表述一项扣2分； 3. 该项扣完为止		

续表

序号	考核内容	考核要点	配分	考核标准	扣分	得分
2	原因分析	清水池水位的影响	10	1. 漏一项扣2分； 2. 不规范表述一项扣2分； 3. 该项扣完为止		
		加氯系统故障	20	1. 漏一项扣2分； 2. 不规范表述一项扣2分； 3. 该项扣完为止		
		原水水质的影响	10	1. 漏一项扣2分； 2. 不规范表述一项扣2分； 3. 该项扣完为止		
3	处理措施	出厂水余氯仪故障的处理措施	5	1. 错误措施或漏措施一项扣2分； 2. 措施正确，不规范表述一项扣2分； 3. 该项扣完为止		
4		清水池水位的调度处理措施	10	1. 错误措施或漏措施一项扣2分； 2. 措施正确，不规范表述一项扣2分； 3. 该项扣完为止		
5		加氯系统故障的处理措施	20	1. 错误措施或漏措施一项扣2分； 2. 措施正确，不规范表述一项扣2分； 3. 该项扣完为止		
6		原水水质异常的处理措施	10	1. 错误措施或漏措施一项扣2分； 2. 措施正确，不规范表述一项扣2分； 3. 该项扣完为止		
7	卷面书写	卷面书写要求整洁规范	5	1. 未做到字迹工整、页面整洁酌情扣1~3分； 2. 不规范涂改1次扣1分，规范涂改超过3次，每增加1次扣1分； 3. 该项扣完为止		
8	完成时间	15min内完成	—	计时结束终止考试，上交试卷		
	合计		100			

否定项：若考生发生下列情况之一，则应及时终止其考核，考生该试题成绩记为零分。
(1) 不服从现场工作人员或考评员的组织安排、扰乱考核秩序者；
(2) 有弄虚作假、篡改数据等行为者；
(3) 故障判断严重错误；
(4) 处理措施严重错误。

评分人：　　　年　月　日　　　　　　　　　核分人：　　　年　月　日

[试题 2] HACH 1720E 型在线浊度仪的维护和校准

考场准备：

序号	名称	规格	单位	数量	备注
1	在线浊度仪	HACH 1720E	台	1	
2	标准液	20NTU	升	1	
3	标准桶	哈希专用	个	1	
4	量杯	500mL	个	1	
5	软刷		个	2	
6	硬刷	直径 30mm	个	2	
7	棉签		包	1	
8	软布		块	1	

考生准备：
黑色或蓝色的签字笔、计算器。

考核内容：
(1) 本题分值：100 分
(2) 考核时间：30min
(3) 考核形式：实际操作
(4) 具体考核要求
① 在指定地点考试。
② 在规定时间内完成实验操作。
③ 用黑色或蓝色的钢笔或签字笔记录。
④ 记录表干净整洁，字迹工整。
⑤ 根据仪器操作说明书，正确规范地对 1720 型在线浊度仪进行维护和校验。
(5) 评分

配分与评分标准：

序号	考核内容	考核要点	配分	考核标准	扣分	得分
1	准备工作	维护校准工具及试剂齐全	5	1. 检查少一项，扣 1 分； 2. 未检查不得分； 3. 该项扣完为止		
2	浊度仪的维护	清洗控制器外部，擦洗时保证控制器外壳关闭严密	15	1. 操作错误一处，扣 5 分； 2. 操作不规范，扣 5 分； 3. 操作不熟练，扣 5 分； 4. 未进行本项操作，不得分； 5. 该项扣完为止； 6. 未检查控制器外壳是否关闭严密，扣 5 分		

续表

序号	考核内容	考核要点	配分	考核标准	扣分	得分
3	浊度仪的维护	清洗光电池窗口	15	1. 操作错误一处，扣5分； 2. 操作不规范，扣5分； 3. 操作不熟练，扣5分； 4. 未进行本项操作，不得分； 5. 该项扣完为止		
4		清洗浊度仪本体及气泡捕集器	15	1. 操作错误一处，扣5分； 2. 操作不规范，扣5分； 3. 操作不熟练，扣5分； 4. 未进行本项操作，不得分； 5. 该项扣完为止		
5	浊度仪的校准	进入"主菜单"中的"校准程序"	15	1. 操作错误一处，扣5分； 2. 操作不规范，扣5分； 3. 操作不熟练，扣5分； 4. 未进行本项操作，不得分； 5. 该项扣完为止		
6		向圆筒或仪表本体灌入20NTU标准溶液，重新安装首部	15	1. 操作错误一处，扣5分； 2. 操作不规范，扣5分； 3. 操作不熟练，扣5分； 4. 未进行本项操作，不得分； 5. 该项扣完为止		
7		显示测量结果，并完成校准	15	1. 操作错误一处，扣5分； 2. 操作不规范，扣5分； 3. 操作不熟练，扣5分； 4. 未进行本项操作，不得分； 5. 该项扣完为止		
8	记录填写	记录填写要求规范	5	1. 记录错误一处，扣1分； 2. 记录不规范，扣5分； 3. 未进行记录，不得分； 4. 该项扣完为止		
9	试验时间	规定时间内完成(30min)		完成时间应控制在30min内，超过规定时间未完成者，考核中止		
合计			100			

否定项：若考生发生下列情况之一，则应及时终止其考核，考生该试题成绩记为零分。
(1) 不服从现场工作人员或考评员的组织安排、扰乱考核秩序者；
(2) 有弄虚作假、篡改数据等行为者；
(3) 操作违规、失误造成仪表设备设施损坏。

评分人：　　　　年　　月　　日　　　　　　　　核分人：　　　　年　　月　　日

供水调度工（三级 高级工）

操作技能试题

[试题1] 加矾量试验

考场准备：

序号	名称	规格	单位	数量	备注
1	试验搅拌机	6联	台	1	
2	浊度仪	散射光式	台	1	
3	天平	200g	台	1	
4	试验专用烧杯	1000mL	个	6	
5	温度计	0～50℃	支	1	
6	刻度吸管	5mL、10mL	根	各3	
7	移液管	2mL、10mL	支	各2	
8	烧杯	500mL	个	1	
9	混凝剂	合格品	g/mL	100	
10	取样桶	10L	个	1	
11	蒸馏水		mL	5000	
12	待测水样		L	10	

考生准备：
黑色或蓝色的签字笔、计算器、工作服。
考核内容：
(1) 本题分值：100分
(2) 考核时间：90min
(3) 考核形式：实际操作
(4) 具体考核要求
① 在指定地点考试。
② 在规定时间内完成实验操作。
③ 用黑色或蓝色的钢笔或签字笔记录。
④ 记录表干净整洁，字迹工整。
⑤ 根据标准试验方法，进行搅拌试验：
a. 将混凝剂原液稀释为 10mg/mL 稀释溶液；
b. 取试验用水样 10L，混合均匀；
c. 取试验用水样，测定水温；
d. 取试验用水样，使用浊度仪，测定浑浊度；

e. 取 6 个试验专用水样杯,分别加入水样 1L,置于搅拌机底板上,并摆好位置;

f. 向搅拌机小试管中分别加入不同浓度的加矾量;

g. 开机预热。设定搅拌试验程序,确定转速与时间;

h. 启动搅拌机,向水样中加入混凝剂;观察水样杯中的矾花生产情况,并做好描述记录;

i. 停止搅拌后,水样静置 15min 后,分别取水样测定浑浊度;

j. 根据加矾量和对应的浑浊度关系,绘制曲线,依据水厂工艺要求,确定合适的加矾量。

⑤ 评分

配分与评分标准:

序号	考核内容	考核要点	配分	考核标准	扣分	得分
1	准备工作	穿工作服	2	未按要求穿工作服,扣2分		
2		用天平称取适量混凝剂,将混凝剂稀释至 10mg/mL 溶液,置于容量瓶中,用蒸馏水稀释至刻度	15	1. 使用天平不正确,扣4分; 2. 称取混凝剂原液的质量不准确,扣2分; 3. 刻度吸管使用不正确,扣2分; 4. 转移原液后用蒸馏水洗涤称量瓶3次以上,否则扣3分; 5. 容量瓶定量体积不准确,扣2分; 6. 容量瓶混合正确,否则扣2分		
3		取 10L 水样,摇匀,测定水温和浑浊度,并记录	10	1. 取样体积不够10L,扣2分; 2. 对水样不充分摇匀,扣2分; 3. 不测定水温,扣2分; 4. 不测定浑浊度,扣2分; 5. 使用浊度仪不正确,扣2分		
4	试验过程	6 个 1000mL 配套用烧杯中,各加入 1000mL 水样,置于搅拌机底板上	10	1. 每取一个水样均要摇匀一次,否则扣3分; 2. 水样杯放置位置不正确,扣3分; 3. 取样体积不准确,扣4分		
5		向搅拌机小试管中加入 10mg/mL 稀释溶液,根据原水浑浊度按等差数列向各小试管中加入不同量的稀释液	13	1. 加入稀释液不成等差数列,扣5分; 2. 加入稀释液体积不准确,扣5分; 3. 刻度吸管使用不正确,扣3分		
6		开机预热 5~10min,设定搅拌机转速和时间,启动搅拌机待转速稳定后,向水样杯中加入混凝剂,观察水样中矾花生成的情况,做好记录。一般要求快速搅拌 2min,转速 500r/min,慢速搅拌 15min,转速 100r/min	16	1. 未开机预热,扣2分; 2. 转速和时间设定不对,扣4分; 3. 加入混凝剂时间过早或过晚,扣3分; 4. 观察矾花生成情况不正确,扣5分; 5. 不及时做好记录,扣2分		

续表

序号	考核内容	考核要点	配分	考核标准	扣分	得分
7	试验过程	停止搅拌后提起搅拌桨,静置15min于水样杯的中部取水样测定浊度	12	1. 不提起搅拌桨,扣2分; 2. 静置时间掌握不够,扣2分; 3. 取样不在水样杯中部,扣3分; 4. 测定浊度不准确,扣3分; 5. 不及时做好记录,扣2分		
		清理	2	未清理台面不清洁,扣1分		
8	试验结论	根据加矾量和对应的浑浊度关系(以浑浊度为纵坐标,加矾量为横坐标),绘制曲线,报告试验结果。依据水厂工艺要求,确定合适的投加量	5	1. 不会绘制曲线,扣2分; 2. 不会依据水样杯的浑浊度测定情况,确定生产实际投加量,扣3分		
9	记录填写	记录填写要求规范	10	空白处理、更改处理、有效数字等,发现一处不规范扣2分,扣至10分为止		
10	试验时间	规定时间内完成(90min)	5	1. 每超时1分钟,扣3分; 2. 超过规定时间5min后,停止试验操作		
	合计		100			

否定项:若考生发生下列情况之一,则应及时终止其考核,考生该试题成绩记为零分。
(1) 不服从现场工作人员或考评员的组织安排、扰乱考核秩序者;
(2) 有弄虚作假、篡改数据等行为者;
(3) 操作违规、失误造成仪表设备设施损坏。

评分人:　　　　　年　月　日　　　　　　核分人:　　　　　年　月　日

[试题2] 请从管网服务压力、水压合格率、平均水压值、管网等水压线、日用水量曲线和日变化系数这几个方面分析供水调度工作质量

考场准备:

序号	名称	规格	单位	数量	备注
1	答题纸		份	1	
2	草稿纸		张	1	
3	计时器		个	1	不带通信功能

考生准备:
黑色或蓝色的钢笔或签字笔。
考核内容:
(1) 本题分值:100分
(2) 考核时间:30min
(3) 考核形式:笔试
(4) 具体考核要求
① 在指定地点考试作答。

② 在规定时间内完成答卷。
③ 用黑色或蓝色的钢笔或签字笔答题。
④ 试卷卷面干净整洁，字迹工整。
⑤ 熟悉调度工作，并了解多种参数及工具对做好调度工作和提高调度工作质量的影响；能够正确、完整地表述各项报表编制的内容。

（5）评分

配分与评分标准：

序号	考核内容	考核要点	配分	考核标准	扣分	得分
1	管网服务压力	以给排水设计规范及相关技术规程为依据，叙述满足用户需求的压力标准及要求	10	1. 错误或遗漏扣10分； 2. 不规范表述扣5分； 3. 扣完为止		
2	水压合格率	水压合格率的计算方法	6	1. 错误或遗漏扣6分； 2. 不规范表述扣3分； 3. 扣完为止		
		水压合格率的意义及具体规范要求	10	1. 错误或遗漏扣10分； 2. 不规范表述扣5分； 3. 扣完为止		
3	平均水压值	平均水压值的计算方法	6	1. 错误或遗漏扣6分； 2. 不规范表述扣3分； 3. 扣完为止		
		平均水压值的含义	10	1. 错误或遗漏扣10分； 2. 不规范表述扣5分； 3. 扣完为止		
4	管网等水压线	管网等水压线如何反映供水系统中的运行情况	10	1. 错误或遗漏一项扣5分； 2. 不规范表述扣2分； 3. 扣完为止		
5	日用水量曲线和日变化系数	日用水量曲线的定义和作用	6	1. 错误或遗漏扣6分； 2. 不规范表述扣3分； 3. 扣完为止		
		日变化系数的计算方法	6	1. 错误或遗漏扣6分； 2. 不规范表述扣3分； 3. 扣完为止		
		日变化系数的含义	10	1. 错误或遗漏扣10分； 2. 不规范表述扣5分； 3. 扣完为止		
6	时用水量曲线和时变化系数	时水量曲线的定义和作用	6	1. 错误或遗漏扣6分； 2. 不规范表述扣3分； 3. 扣完为止		
		时变化系数的计算方法	6	1. 错误或遗漏扣6分； 2. 不规范表述扣3分； 3. 扣完为止		
		时变化系数的含义	10	1. 错误或遗漏扣10分； 2. 不规范表述扣5分； 3. 扣完为止		

续表

序号	考核内容	考核要点	配分	考核标准	扣分	得分
7	卷面书写	卷面书写要求整洁规范	4	1. 字迹工整、页面整洁、填写规范，扣1～3分； 2. 不规范涂改1次扣1分，规范涂改超过3次，每增加1次扣1分； 3. 该项扣完为止		
8	操作时间	30min内完成	—	操作时间应控制在30min内，超过规定时间未完成者，考核中止，上交试卷		
	合计		100			

否定项：若考生发生下列情况之一，则应及时终止其考核，考生该试题成绩记为零分。
(1) 不服从现场工作人员或考评员的组织安排、扰乱考核秩序者；
(2) 有弄虚作假、篡改数据等行为者；
(3) 分析严重错误。

评分人：　　　　　年　月　日　　　　　　　核分人：　　　　　年　月　日

[试题3] 根据《供水调度工基础知识与专业实务》第8.2.2节调度常用运行参数，做培训指导

考场准备：

序号	名称	规格	单位	数量	备注
1	投影仪		台	1	
2	投影屏		面	1	
3	笔记本电脑		台	1	
4	计时器		只	1	不带通信功能
5	翻页笔		支	1	

考生准备：
黑色或蓝色的钢笔或签字笔、记录纸。
考核内容：
(1) 本题分值：100分
(2) 考核时间：30min
(3) 考核形式：实际操作
(4) 具体考核要求
① 在指定地点进行操作考试。
② 在规定时间内完成培训指导。
③ 根据给定题目事先制作好课件，考试中结合可见授课（15min），评委根据课件内容提出相关问题（不超过3题），由考生解答。
(5) 评分
配分与评分标准：

第二部分 习题集

序号	考核内容	考核要点	配分	考核标准	扣分	得分
1	课件内容	课件内容全面，重点突出	10	定义、原理、分类、重要参数及运行操作等，缺少一项扣3分		
2		内容正确	10	授课内容无错误，文字，符号，单位和公式等错误一处扣5分，有不当言论不得分		
3		逻辑清晰，过渡自然	5	逻辑、顺序混乱，一处扣2分，扣完为止		
4	课件制作	排版合理，详略得当	10	布局、字体凌乱扣5分，可见不少于10页，每少一页扣1分		
5		合理运用多媒体	10	可见采用图片、图表、视频等表现方式；没有采用扣10分，只采用1次扣5分		
6	课堂教学	字正腔圆，声音洪亮	10	普通话发音影响听课扣5分，音量过低扣5分		
7		仪态自然，语速适宜	10	衣冠不整扣5分、语速多快或过慢扣5分		
8		具有互动交流	10	授课过程中不少于2次通过提问、讨论、举例等方式互动。少一次扣5分		
9		熟练掌握授课内容	5	不能脱稿扣5分		
10		控制授课时长	5	授课时长15min，相差2min之内不扣分，超过2min的，每分钟扣1分（不足1min按1min计），最长不超过20min		
11	答辩	准确回答问题	15	回答评委提出的问题，不答扣15分，回答不准确评委酌情扣分		
	合计		100			

否定项：若考生发生下列情况之一，考生该试题成绩记为零分。
(1) 未制作课件；
(2) 损坏教具。

评分人： 年 月 日　　　　　　　　核分人： 年 月 日

第三部分 参考答案

第1章 水力学基础理论

一、单选题

1. A   2. B   3. C   4. A   5. B   6. C   7. A   8. C   9. A   10. B
11. A   12. A   13. B   14. B   15. D   16. A   17. C   18. D   19. D   20. D
21. B   22. C   23. A

二、多选题

1. ABDE   2. ABC   3. ABCE

三、判断题

1. √   2. √   3. √   4. √   5. √   6. ×   7. √

【解析】

6. 对于圆管满流，实际流动液体的雷诺数 $Re<2300$，流态为层流。

四、问答题

1. 静止液体中某一点的静水压强垂直并指向受压面。
静止液体中任何一点上各个方向的静水压强大小均相等。
2. 绝对压强是以不存在任何气体分子的完全真空为零点计量的压强值。
相对压强则是以当地大气压为零点计量的压强值。
3. 计算公式为：

$$Re = \frac{vd}{\nu}$$

式中，v 是液体流速，d 是管径，ν 是液体运动黏滞系数。
4. 连续性方程的表达式为 $Q_1 = Q_2 =$ 常数 或 $v_1 A_1 = v_2 A_2 =$ 常数
连续性方程的运用条件：
水流必须是连续的，中间没有空隙；
水流必须是不可压缩的（水锤现象除外）；
水流必须是恒定流，非恒定流不能用。
5. （1）限制管中流速。
（2）控制阀门关闭或开启时间，以避免直接水锤，也可降低间接水锤压强。
（3）缩短管道长度或采用弹性模量较小的管道。
（4）设置安全阀或减压设施，进行水锤过载保护。

第 2 章　水质标准与水质分析

一、单选题

1. A	2. C	3. A	4. B	5. C	6. D	7. D	8. C	9. D	10. B
11. C	12. A	13. A	14. B	15. C	16. C	17. B	18. C	19. A	20. D
21. D	22. B	23. A	24. D	25. A	26. D	27. B	28. D	29. A	30. D
31. D	32. A	33. A	34. C	35. B	36. A	37. C	38. C	39. B	40. C
41. C	42. B	43. D	44. B	45. C	46. A	47. C	48. B	49. D	50. B
51. B	52. C	53. D	54. D	55. C	56. B	57. C	58. D	59. B	60. D
61. C	62. D	63. B	64. D	65. A	66. A	67. A	68. A	69. B	70. B
71. D	72. C	73. B	74. A	75. B	76. A	77. D	78. A	79. C	80. A
81. D	82. B	83. B	84. B	85. A	86. C	87. D	88. D	89. D	90. C
91. A	92. D	93. C	94. C						

二、多选题

1. ACE	2. AD	3. AB	4. ABC	5. ABDE	6. ABDE
7. ABC	8. BCDE	9. ACDE	10. ABCD	11. AD	12. ABCD
13. ABC	14. ABCE	15. ABD	16. ABCD	17. AB	18. ABD
19. ACE					

三、判断题

1. √	2. ×	3. ×	4. ×	5. √	6. √	7. √	8. ×	9. √	10. √
11. √	12. ×	13. ×	14. √	15. ×	16. √	17. √	18. √	19. √	20. √
21. √	22. √	23. √	24. √	25. ×	26. ×	27. √	28. √	29. ×	30. √
31. √	32. √	33. ×	34. √	35. √	36. √	37. √	38. √	39. √	40. √
41. √	42. √	43. ×	44. √	45. √	46. ×				

【解析】

2. 《地表水环境质量标准》GB 3838—2002 中规定 Ⅰ 类水主要用于源头水、国家自然保护区。

3. 《地下水质量标准》GB/T 14848—2017 中规定 Ⅳ 类水的地下水化学组分含量高，适用于农业和部分工业用水，适当处理后可作生活饮用水。

4. 我国的水质标准进行了不断地完善与修正，由 1985 年标准的 35 项指标，发展到现行《生活饮用水卫生标准》GB 5749—2006 的 106 项。

8. 对无机物、金属离子、放射性元素的测定不能选用玻璃容器。

12. 滴定时目光应集中在锥形瓶内的颜色变化上，不要去注视刻度的变化。

13. 滴定分析法是将一种已知准确浓度的试液，通过滴定管滴加到被测物质的溶液中。

15. 酸碱滴定法测定的不仅仅是酸和碱，凡能与酸或碱起反应的物质都可以用中和法来测定。

25. 《地下水质量标准》GB/T 14848—2017 中规定Ⅱ类水地下水化学组分含量较低，适用于各种用途。

26. 指定质量称量法适用于称取不易潮解、升华且不与空气中各组分发生作用、性质稳定的粉末状物质。

29. 当溶液中某难溶电解质的离子浓度乘积如果大于其溶度积值时，就能生成沉淀。

33. 《地表水环境质量标准》GB 3838—2002 中规定Ⅳ类水主要用于一般工业用水区及人体非直接接触的娱乐用水区。

34. 《地下水质量标准》GB/T 14848—2017 中规定Ⅰ类水的地下水化学组分含量低，适用于各种用途。

43. 目视比色法所需仪器设备简单，操作方便，适合大批量的水样分析。

46. 《水处理用滤料》CJ/T 43—2005 规定以每分钟内通过筛的样品质量小于样品的总质量的 0.1%，作为筛分终点。

四、问答题

1. 滴定分析法、重量分析法、比色分析方法、电化学分析法。

2. 酸碱滴定法、配位滴定法、氧化还原滴定法、沉淀滴定法。

3. 浊度检测仪、余氯分析仪、pH 值检测仪、溶解氧分析仪、氨氮分析仪、COD 分析仪。

4. Ⅰ类：主要用于源头水、国家自然保护区；

Ⅱ类：主要用于集中式生活饮用水地表水源地一级保护区、珍稀水生生物栖息地、鱼虾类产场、仔稚幼鱼的索饵场等；

Ⅲ类：主要用于集中式生活饮用水地表水源地二级保护区、鱼虾类越冬场、洄游通道、水产养殖区等渔业水域及游泳区；

Ⅳ类：主要用于一般工业用水区及人体非直接接触的娱乐用水区；

Ⅴ类：主要用于农业用水区及一般景观要求水域。

5. 生活饮用水水质应符合的基本要求为：

（1）生活饮用水中不得含有病原微生物。

（2）生活饮用水中化学物质不得危害人体健康。

（3）生活饮用水中放射性物质不得危害人体健康。

（4）生活饮用水的感官性状良好。

（5）生活饮用水应经消毒处理。

生活饮用水水质指标可分为：微生物指标、毒理指标、感官性状和一般化学指标、放射性指标 4 类。

第 3 章 给水工程基础知识

一、单选题

1. C	2. A	3. C	4. D	5. D	6. A	7. C	8. A	9. B	10. A
11. D	12. D	13. C	14. A	15. B	16. D	17. D	18. D	19. D	20. A
21. D	22. B	23. D	24. A	25. A	26. D	27. C	28. C	29. A	30. D
31. B	32. B	33. D	34. C	35. D	36. B	37. C	38. D	39. D	40. A
41. A	42. B	43. A	44. C	45. D	46. C	47. C	48. D	49. D	50. A
51. D	52. D	53. B	54. D	55. D	56. C	57. B	58. B	59. C	60. B
61. B	62. D	63. B	64. D	65. B	66. B				

二、多选题

1. ABCDE 2. ABCE 3. ABD 4. ABCDE 5. ABD 6. ABCDE
7. DE 8. BCE 9. BCDE 10. ABCD 11. ABCDE 12. ACDE
13. ACDE 14. ABCD

三、判断题

1. ×	2. √	3. √	4. √	5. √	6. √	7. √	8. √	9. √	10. √
11. √	12. ×	13. √	14. √	15. √	16. ×	17. √	18. √	19. ×	20. √
21. √	22. ×	23. √	24. ×	25. √	26. √	27. √	28. √	29. ×	

【解析】

1. 由水体运动所引起的颗粒碰撞聚集称为同向絮凝。

12. 给水系统按供水方式可分为自流系统、水泵供水系统和混合供水系统。

16. 原水中的杂质按照粒径从大到小依次为悬浮物、胶体和溶解物。

19. 澄清池从净化作用原理和特点上可分成泥渣接触过滤型澄清池和泥渣循环分离型澄清池。

22. 超滤膜具有精密的微细孔，不可以去除无机盐和溶解性有机物等小分子。

24. 滤池膨胀度是膨胀后增加的厚度与滤层膨胀前厚度之比。

29. 给水管网布置形式中，树状网与环状网相比，供水可靠性较差，末端水质容易变坏，但造价较低。

四、问答题

1. 取水构筑物、水处理构筑物、泵站、输水管渠和管网、调节构筑物。

2.（1）按照城市规划平面图布置管网，布置时应考虑给水系统分期建设的可能，并留有充分的发展余地。

（2）管网布置必须保证供水量安全可靠，当局部管网发生事故时，断水范围应减到最小。

（3）管线遍布在整个给水区内，保证用户有足够的水量和水压。

（4）力求以最短距离敷设管线，以降低管网造价和供水能量费用。

3．影响混凝效果的因素主要有水温、pH值、碱度、水中杂质性质和浓度、水力条件。

4．（1）混合设备：水泵混合、管式静态混合器混合、机械搅拌混合、池式混合。

（2）絮凝设备：隔板絮凝池、折板絮凝池、机械搅拌絮凝池、网格（栅条）絮凝池。

5．影响沉淀效果的主要因素有短流影响、水流状态影响、絮凝作用影响。

6．滤料粒径级配：指滤料中各种粒径颗粒所占的重量比例。粒有效粒径 d_{10}：粒径分布曲线上小于该粒径的滤料含量占总滤料质量的10%的粒径称为有效粒径，也指通过滤料重量10%的筛孔孔径。

不均匀系数：

$$K_{80} = \frac{d_{80}}{d_{10}}$$

式中　d_{10}——通过滤料重量10%的筛孔孔径（mm）；

　　　d_{80}——通过滤料重量80%的筛孔孔径（mm）。

7．预处理工艺：生物接触氧化、化学预氧化、活性炭吸附。

深度处理工艺：臭氧-生物活性炭工艺、超滤-反渗透工艺。

8．（1）具有稳定的河床和河岸，靠近主流，有足够的水深；

（2）设在水质较好的地方；

（3）具有良好的地质、地形及施工条件；

（4）靠近主要用水地区；

（5）应注意河流上的人工构筑物或天然障碍物的影响；

（6）避免冰凌的影响；

（7）应与河流的综合利用相适应。

9．（1）无机盐混凝剂水解是吸热反应，低温条件下水解困难，特别是硫酸铝，当水温在5℃左右时，水解速度很缓慢；

（2）低温水的黏度大，水中杂质颗粒布朗运动强度减弱，碰撞概率减少，不利于胶粒脱稳凝聚。同时，水的黏度大时，水流剪力增大，不利于絮凝体的成长；

（3）水温低时，胶粒水化作用增强，妨碍胶体凝聚；

（4）水温影响水的pH值，水温低时，水的pH值提高，相应地混凝最佳pH值也将提高。

10．（1）进水惯性作用，使一部分水流流速变快；

（2）出水堰口负荷较大，堰口上产生水流抽吸，近出水区处出现快速水流；

（3）风吹沉淀池表层水体，使水平流速加快或减慢；

（4）温差或过水断面上悬浮颗粒密度差、浓度差，产生异重流，使部分水流水平流速减慢，另一部分水流流速加快或在池底绕道前进；

（5）沉淀池池壁、池底、导流墙摩擦，刮（吸）泥设备的扰动使一部分水流水平流速减小。

11.（1）滤速：是指单位过滤面积在单位时间内的滤过水量。

（2）水头损失：是指水流在过滤过程中单位质量液体损失的机械能。

（3）冲洗周期（过滤周期、滤池工作周期）：指的是滤池冲洗完成开始运行到再次进行冲洗的整个间隔时间。

（4）冲洗强度：是指滤池冲洗操作时，单位面积滤层面积所通过冲洗水/气的流量，分为气洗强度与水洗强度。

（5）滤池膨胀度：反冲洗阶段，滤层膨胀后增加的厚度与膨胀前厚度之比。

（6）杂质穿透深度：在过滤过程中，自滤层表面向下到某一深度，若该深度的水质刚好符合滤后水水质要求，则该深度为杂质穿透深度。

第4章 泵 与 泵 站

一、单选题

1. D 2. A 3. A 4. D 5. C 6. C 7. D 8. D 9. D 10. A
11. C 12. C 13. A 14. B 15. A 16. D 17. D 18. A 19. B 20. A
21. B 22. B 23. A 24. A

二、多选题

1. AD 2. AC 3. ABCD 4. ACD

三、判断题

1. √ 2. √ 3. √ 4. × 5. × 6. √ 7. √ 8. ×

【解析】

4. 填料密封装置具有结构简单、成本低、寿命短、密封性能不甚理想的特点。

5. 多台泵的并联运行，一般是建立于各台泵的扬程范围比较接近的基础上。

8. 当吸水管路内真空值达到一定值时，水中溶解气体会因压力减小而逸出，管路中就可能会产生出现积气现象。

四、问答题

1. 叶片式水泵、容积式水泵、其他类型水泵。
2. 叶轮、密封环、泵壳、泵轴、轴封装置、轴承、联轴器。
3. 取水泵站、送水泵站、加压泵站及循环泵站四种。
4. 不漏气、不积气、不吸气。
5. （1）流量：水泵在单位时间所输送液体的体积称为流量。

（2）扬程：单位质量的液体通过水泵以后所获得的能量称为扬程。

（3）功率：水泵在单位时间所做的功称为功率，即原动机传给泵的功率。

（4）效率：效率是水泵的有效功率和轴功率之比值。

（5）转速：转速指水泵叶轮在每分钟内的转动圈数。

（6）允许吸上真空高度或汽蚀余量：

① 允许吸上真空高度：指水泵在标准状况下，水温为20℃，表面压力为一个标准大气压下运转时，水泵所允许的最大吸上真空高度。

② 汽蚀余量：指水泵进口处，单位质量液体所具有超过饱和蒸汽压力的富余量。

6. （1）流量-扬程曲线（Q-H）

双吸式离心泵的流量较小时,其扬程较高,当流量慢慢增加时,扬程却跟着逐渐降低。

(2) 流量-功率曲线(Q-N)

双吸式离心泵流量较小时,它的轴功率也较小,当流量逐渐增大时,轴功率曲线有上升。

(3) 流量-效率曲线(Q-η)

双吸式离心泵的流量较小时,它的效率并不高;当流量逐渐增大时,它的效率也慢慢提高,当流量增加到一定数量后,再继续增大时,效率非但不再继续提高,反而慢慢降低,曲线的形状好像一个平缓的山顶。

(4) 流量-允许吸上真空高度曲线(Q-H_s)

双吸式离心泵的流量较小时,其允许吸上真空高度较高,当流量慢慢增加时,允许吸上真空高度迅速降低。

第5章 电气专业基础知识

一、单选题

1. B 2. B 3. A 4. D 5. A 6. A 7. C 8. A 9. B 10. D
11. D 12. A 13. B 14. C 15. A 16. A 17. C 18. B 19. C 20. C
21. D 22. C 23. D 24. B 25. D 26. B 27. C 28. B 29. B 30. B
31. D 32. C 33. B 34. C 35. A 36. D 37. A 38. C 39. D 40. A
41. B 42. D 43. A 44. A 45. D 46. C 47. B

二、多选题

1. ABDE 2. BC 3. ABDE 4. BCD 5. ABCE 6. ADE
7. BDE 8. BDE 9. ABCE 10. ABE

三、判断题

1. √ 2. × 3. × 4. √ 5. √ 6. √ 7. √ 8. × 9. × 10. √
11. √ 12. × 13. × 14. √ 15. √ 16. × 17. × 18. √ 19. × 20. √
21. × 22. √ 23. × 24. × 25. √ 26. ×

【解析】

2. 交流电在某一个瞬间所具有的大小叫瞬时值。

3. 并联电路由干路和若干条支路构成，每条支路各自和干路形成回路，每条支路两端的电压相等。

8. 用户供配电系统的供电电压有高压和低压两种，高压供电是指采用6～10kV及以上的电压供电。

9. 电路中电压和电流作周期性变化，且在一个周期内其平均值为零，这样的电路就称为交流电路。如果电压和电流随着时间呈正弦规律变化，那么就称之为正弦交流电路。

12. 变压器按相数的不同，可分为单相变压器、三相变压器和多相变压器。

13. 变压器的主要部件是由铁芯和绕组构成的器身，铁芯是磁路部分，绕组是电路部分。

15. 电动机直接启动电流大，降压启动虽然限制了启动电流，但启动转矩同时降低，只适用空载或轻载启动，这两种启动都会产生启动冲击。

16. 正常情况下，补偿电容器组在供电系统中的投入运行或退出运行应根据供电系统功率因数或电压情况来决定。如果功率因数过低或电压过低时，应投入电容器组或增加投入。

17. 电流是有方向的，习惯上把导体中正电荷移动的方向定义为电流的方向。

19. 电阻不随电压、电流改变而改变。

21. 变压器只能改变交流电压、电流的大小，而不能改变频率。

23. 大功率电动机常配置变频器调速或软启动装置，小功率电动机一般直接启动。

24. 电机调速是利用改变电机的级数、电压、电流、频率等方法改变电机的转速，以使电机达到较高的使用性能。

26. 对运行中的电容器组应进行日常巡视检查，主要检查电容器的电压、电流及室温等，夏季应在室温最高时进行，其他时间可在系统电压最高时进行。

四、问答题

1. （1）瞬时值；

（2）最大值；

（3）有效值；

（4）平均值。

2. （1）额定容量；

（2）额定电压；

（3）额定电流；

（4）额定频率。

3. （1）变极对数调速方法；

（2）变频调速方法；

（3）串级调速方法；

（4）绕线式电动机转子串电阻调速方法；

（5）定子调压调速方法；

（6）电磁调速电动机调速方法；

（7）液力耦合器调速方法。

4. （1）可靠性高；

（2）功能齐全；

（3）灵活性高；

（4）调试维护方便；

（5）经济性好。

5. 电容器是储能元件，当电容器从电网上切除后，极板上仍储有电荷，因此极板上有残余电压存在，其数值最高可达电网峰值电压。当电容器绝缘良好时，电容器通过绝缘电阻自行放电的速度很慢。

为确保可靠放电，放电回路不允许装熔断器或开关，即使经过放电回路放电后，电容器仍会有部分残余电压，还需进行一次人工放电。放电时应先将接地端与接地网固定好，再用接地棒多次对电容器放电，直至无火花和放电声为止。检修人员在接触故障电容器前，除进行自动放电和人工放电外，还应戴绝缘手套，用短路线接触故障电容器的两端，使其彻底放电。

第6章　计算机应用知识

一、单选题

1. C　　2. B　　3. A　　4. B　　5. D　　6. B　　7. C

二、多选题

1. ABDE　　2. CDE　　3. ACDE

三、判断题

1. √　　2. √　　3. ×　　4. √

【解析】

3. 计算机常见的输入输出设备有键盘、鼠标、显示器、投影仪、摄像头、麦克风、打印机、扫描仪等。

四、问答题

1. （1）控制器；
（2）运算器；
（3）存储器；
（4）输入设备；
（5）输出设备。

2. 计算机语言指用于人与计算机之间通信的语言，计算机语言是人与计算机之间传递信息的媒介。计算机系统最大特征是指令通过一种语言传达给机器，为了使电子计算机进行各种工作，就需要有一套用以编写计算机程序的数字、字符和语法规划，由这些字符和语法规则组成计算机各种指令（或各种语句），这些就是计算机能接受的语言。计算机语言包括机器语言、汇编语言、高级语言。

3. 办公软件指可以进行文字处理、表格制作、幻灯片制作、图形图像处理、简单数据库处理等方面工作的软件。

第7章 可编程控制器的应用

一、单选题

1. A   2. D   3. C   4. B   5. D   6. A   7. D   8. C   9. A   10. D
11. B   12. A   13. D   14. A   15. C   16. C   17. D   18. A   19. B   20. A
21. B   22. C   23. D   24. D

二、多选题

1. ABCD   2. ABDE   3. ACDE   4. ACD   5. BCD

三、判断题

1. √   2. √   3. ×   4. ×   5. √   6. ×   7. √   8. ×   9. ×   10. √
11. √   12. ×   13. √

【解析】

3. 水厂运行规模的自动化系统为以PLC控制为基础的集散型控制系统。设备的软硬件及系统配置按现场无人值守，水厂监控中心集中管理运行的标准设计。

4. 在自动运行方式时，反冲洗PLC现场站接受每格滤池子站发出的反冲洗申请信号按先进先出，后进后出的原则对每格滤池执行反冲洗。

6. 存储器是PLC存放系统程序、用户程序和运行数据的单元，它包括只读存储器（ROM）和随机存取存储器（RAM）。只读存储器（ROM）按照其编程方式不同，可分为ROM、PROM、EPROM和EEPROM等。

8. 原水检测仪表一般包括浊度，电导，COD，氨氮，温度、pH值等。

9. 为了适应不同工业生产过程的应用要求，也可以按照应用规模及功能对可编程控制器进行分类，根据输入和输出点数的多少，可将PLC分为超小（微）、小、中、大、超大等5种类型。

12. 为实现二级调度，在各制水厂、水源厂、加压站建成厂内计算机监测系统，以实现厂级调度。

四、问答题

1. 可编程控制器是一种专门为在工业环境下应用而设计的数字运算操作的电子装置，它采用可以编制程序的存储器，用来在其内部存储执行逻辑运算、顺序运算、计时、计数和算术运算等操作的指令，并能通过数字式或模拟式的输入和输出，控制各种类型的机械或生产过程。

2. （1）编程方法简单易学；

（2）功能强，性能价格比高；

（3）硬件配套齐全，用户使用方便，适应性强；

（4）可靠性高，抗干扰能力强；

（5）系统的设计、安装、调试工作量少；

（6）维修工作量小，维修方便；

（7）体积小，能耗低。

3. （1）梯形图；

（2）指令表；

（3）功能图；

（4）功能块图。

4. （1）城市管网压力实时监测系统；

（2）分站监测系统；

（3）地理信息系统的实现；

（4）调度软件的实现；

（5）PLC在调度系统中的应用。

5. 滤池控制系统的任务就是控制过滤、反冲洗，目的是保证滤后水的浊度符合要求。过滤时要求维持一定的滤速，需通过控制滤池的液位来实现，即过滤时要进行恒液位控制。反冲洗就是对滤层的清洗，需要控制水泵、风机等冲洗设备，以及滤池相关阀门的开关。反冲洗的起动共有三个条件，按照优先级从高到低的顺序依次是手动强制反冲、出水浊度达到设定上限值或定时反冲洗。在自动运行方式时，反冲洗PLC现场站接受每格滤池子站发出的反冲洗申请信号按先进先出，后进后出的原则对每格滤池执行反冲洗。

第8章 供水调度专业知识

一、单选题

1. A	2. C	3. B	4. A	5. C	6. B	7. A	8. B	9. B	10. A
11. B	12. A	13. B	14. B	15. C	16. D	17. D	18. A	19. D	20. C
21. A	22. B	23. A	24. B	25. C	26. D	27. B	28. C	29. A	30. C
31. D	32. C	33. C	34. C	35. D	36. C	37. C	38. D	39. C	40. D
41. B	42. D	43. C	44. C	45. B	46. C	47. B	48. B	49. C	50. B
51. B	52. C	53. D	54. C	55. D	56. C	57. A	58. C	59. C	60. B
61. C	62. B	63. B	64. C	65. C	66. A	67. D	68. C	69. B	70. B
71. B	72. A	73. C	74. B	75. D	76. A	77. C	78. A	79. B	80. B
81. C	82. C	83. A	84. D	85. D	86. B	87. C	88. A	89. C	90. A
91. D	92. B	93. B	94. A	95. A	96. D	97. C	98. D	99. A	100. B
101. B	102. D	103. B	104. C	105. B	106. C	107. C	108. A	109. C	110. B
111. D	112. A	113. B	114. B	115. A	116. B	117. B	118. C	119. C	120. A
121. B	122. C	123. B	124. C	125. D	126. D	127. C	128. C	129. C	130. B
131. A	132. B	133. A	134. D	135. A	136. C	137. B	138. C	139. C	140. D
141. A	142. C	143. C	144. A	145. C	146. C	147. C	148. B	149. C	150. D
151. A	152. D	153. A	154. C	155. B	156. B	157. C	158. D	159. A	160. A
161. A	162. A	163. C	164. C	165. A	166. C	167. C	168. C	169. C	170. C
171. A	172. D	173. C	174. C						

【解析】

10. 用水低峰时段，将增压站水库蓄至高水位、高水量，等高峰时，增压站用水库中的水供向管网，减少或避免从前端管网中抽水，从而降低或避免对增压站前端进水方向管网的影响。

41. 水厂、区域增压站跳车后，首先，该厂站调度人员需要及时发现，并立即联系事发单位现场值班人员，了解和确认故障情况，以便针对不同情况采取不同的下一步调度措施。其次，调度人员采取措施的目的是降低突发故障的不利影响，所以需要利用备用设备或已修复设备，立即安排恢复正常台时，如果实在无法恢复，须立即采取相应的减产调度应急措施。同时，故障发生时，厂站调度人员须将情况立即告知中心调度，以便中心调度采取应急调度措施，合理安排其他厂站，补充故障厂站水量缺口，降低不利影响；恢复台时前也须报中心调度同意，以便中心调度统一安排各厂站运行，以免管网压力突然冲高，造成其他危险。中心调度接厂站调度报告，也应立即通知有关人员，并采取相应调度措施,减小不利影响。

42. 输配水管道爆管,必然导致周边管网压力大幅下降。值班调度员发现区域性水压下降,并确认是管道爆管后,应立即通知有关部门及人员,如:管道抢修、对外服务等。在抢修人员关闭阀门止水前,应注意各厂站运行情况,避免因流量大等原因导致机泵过流、过热等安全问题。抢修人员关闭阀门止水后,调度人员可以让各厂站逐步恢复正常运行,但如果爆管管道是某个厂站的主出水管或进水管,则需要采取相应应急调度措施,避免压力过高或过低,引起危险或影响厂站正常运行,必要时启用增压站水库降低爆管影响。

43. 区域增压站出水水质异常时,首先应判断引起水质异常的原因。如果是仪表故障,则应根据仪表故障处理方案排除故障,恢复仪表正常检测。如果是水库水位过低,导致有浑水泛起,可停止抽水库,增加抽管网的水量,降低出水浊度,保障出水水质;同时,根据水质应急处理措施和实际情况,决定通过清洗水库或其他方法,恢复水库水质正常。如果是增压站进水方向来水水质异常,则站库调度应立即通知中心调度,中心调度观察相应水厂出水水质情况及管网水质情况,采取相应应急措施,处理水质超标事故。

44. 水厂原水水质异常的应急处理中,自发现问题起,加强水质检测,相应增加检测频率和检测项目,这样才能更好地了解原水水质情况。

45. 水厂减、停产应急处理中,当排除故障恢复供水台时前,该水厂调度人员须在恢复前告知中心调度,并征得其同意。因为恢复台时意味着增车,而此时中心调度很可能已经采取应急调度措施,让其他水厂开车,补充故障水厂的水量缺口。如果这是故障水厂突然增车恢复,会导致管网压力突然升高,甚至造成爆管危险。所以故障水厂调度人员须在恢复前告知中心调度,待中心调度人员统筹安排各水厂台时,同意其恢复后,再恢复自己厂的台时。

106. 输配水管道发生爆管,第一种现象肯定是管网压力区域性大幅突然下降,同时相应水厂、增压站出水压力也会大幅突然下降。但此时应该注意区分跳车与爆管。跳车也会导致压力大幅突降,两者不同的是,跳车时相应水厂、增压站的出水流量陡降,但爆管时相应水厂、增压站的出水流量陡升。

二、多选题

1. ABCD	2. BCDE	3. ABCD	4. BCDE	5. ABCDE	6. ABCD
7. BCD	8. ABCDE	9. ABCDE	10. ABCD	11. ABDE	12. BCDE
13. ABC	14. ACD	15. ABCD	16. BCDE	17. BCDE	18. ABCDE
19. ACDE	20. BCDE	21. ABDE	22. ABCD	23. ABCDE	24. ABDE
25. ABCDE	26. ABCDE	27. ABDE	28. ACDE	29. ABCDE	30. ABDE
31. ABCD	32. ADE	33. ACD	34. ABCD	35. ABDE	36. ABCD
37. ABCDE	38. ABCD	39. ABCE	40. ABDE	41. ABCDE	42. ABCDE
43. ABCDE					

【解析】

6. 管网测压点的布置时,应该注意:第一,测压点应设置在能代表其监控面积压力的管径上，比如：供水主干管、区域干管、管道交叉口等，这样监测的管网压力才有代表性；第二，应在水厂主供水方向、管网用水集中区域、敏感区域以及管网末梢等重要和关键的位置设置测压点；第三，一个测压点监控面积应不超过 $5\sim10km^2$，一个供水区域设置测压点不应少于3个，国家规定至少 $10km^2$ 一个测压点，此外一个供水区域内至少3个点，这样才能有冗余，一个点故障，也不影响对这个区域的压力监控；第四，测压点不应设置在太小的管道上，根据供水管网规模一般宜设置在 $DN300$、$DN500$ 及以上的管径上，太小的管道不能反映整个供水区域的压力情况，而且易受其他因素的影响。

43. 区域增压站减、停产应急处理时，首先，站库调度人员发现故障现象后，应立即联系事发站点值班人员，确认故障情况。如果是设备故障，则启用备用设备或尽快排除故障，立即安排恢复正常台时；进水管故障，导致无进水时，应启用水库供水，并采取相应调度措施。如果不具备恢复条件或短时间无法恢复的，站库调度员应立即采取相应减产调度应急措施。同时，站库调度人员需将情况汇报中心调度及有关领导；排除故障恢复供水台时前，该水厂调度人员需报中心调度同意。影响管网水压时，中心调度值班员应及时通知有关人员，并采取应急调度措施，必要时调整事发站点增压区域分界阀门，降低事发站点增压区域内对用户的不利影响。

三、判断题

1.×	2.×	3.×	4.√	5.√	6.×	7.×	8.√	9.√	10.×
11.√	12.√	13.×	14.√	15.×	16.√	17.√	18.√	19.×	20.√
21.√	22.√	23.√	24.×	25.√	26.√	27.√	28.√	29.√	30.√
31.√	32.√	33.√	34.√	35.√	36.√	37.√	38.√	39.√	40.√
41.×	42.√	43.×	44.√	45.√	46.√	47.√	48.√	49.√	50.√
51.√	52.√	53.√	54.√	55.√	56.√	57.√	58.√	59.√	60.√
61.√	62.√	63.√	64.√	65.√	66.√	67.√	68.√	69.√	70.√
71.√	72.√	73.√	74.√	75.√	76.√	77.√	78.√	79.√	80.√
81.×	82.√	83.√	84.√	85.√	86.√	87.√	88.√	89.√	90.√
91.√	92.√	93.√	94.√	95.√	96.√	97.√	98.√	99.√	100.×
101.√	102.√	103.×	104.×	105.×	106.√	107.×			

【解析】

1. 供水系统是由水源、自来水厂、输水管线、增压泵站、仪器仪表及各类用水设施共同组成的有机整体。

2. 各自来水公司根据自己的实际情况选择合适的调度模式。

3. 供水调度的地位因素中，中心调度对下级调度的有力指挥和下级调度对中心调度的积极配合，以及下级调度对自身所辖生产的有序管理，是供水调度工作顺利开展的保障。中心调度的指令都具有权威性。

6. 在一日内，用来反映用水量逐时变化幅度大小的参数称为时变化系数。

7. 降低成本，是提高经济效益的主要途径，在供水企业的运行成本中，电耗占据很大的比重。

10. 原水调度的职责主要包括：了解水源水文信息、监测原水水质，确保原水供水机泵运行正常，掌握水厂原水需水情况，根据原水水质调节不同水源的取水量等。

13. 在固定式取水口上游至下游适当地段应装设明显的标志牌，在有船只来往的河道，还应在取水口上装设信号灯，应定期巡视标志牌和信号灯的完好。

15. 混合的调度运行过程中，当采用高分子絮凝剂预处理高浑浊度水时，混合不宜过分急剧。

16. 絮凝的调度运行过程中，当初次运行隔板、折板絮凝池时，进水速度不宜过大。

19. 清水池水位的调度运行时，不用考虑取水泵房和送水泵房的流量。清水池水位的调度运行时，应根据取水泵房和送水泵房的流量，利用清水池有效容积，合理控制水位。

23. 站库调度需要巡视增压站进出水压力、流量、水质和水库水位等数据。

24. 管网调度巡视过程中需要了解水厂、增压站有关影响管网供水的工程。

25. 中心调度需要了解本班次上班时间内管网、水厂等影响管网供水的工程。

26. 调度人员发现水厂、区域增压站跳车故障后，需要及时采取应急调度措施，并汇报有关领导。

27. 输配水管道爆管时，调度人员发现异常的信息来源是供水调度 SCADA 系统。

29. 发现原水水质异常后，水厂调度在及时处置的同时，须将情况上报中心调度。

30. 供水调度工作对供水企业的生产供应起着统帅作用，其工作的好坏会影响企业信誉和生产成本。

34. 管网压力合格率不应低于 97%。

35. 平均水压值是测压点的水压绝对值，反映了城市水压达到的平均高度。

36. 在一定时期内，用来反映每天用水量变化幅度大小的参数称为日变化系数。

38. 提高管网服务压力，在建设新水厂的同时，狠抓老水厂的挖潜改造，提高老水厂制水能力，同时大力开展计划用水和节约用水工作，提高工业用水的循环利用率。

39. 在给水排水设计规范中，满足一层楼的自由水头为 10m，二层为 12m，三层以上每层增加 4m。

41. 设置测流点时，一般情况在三通设两点、四通设三点，这样就可以掌握各分支管段的情况。

43. 原水输水管线的调度运行中，承压输水管道每次通水时均应先检查所有排气阀、排泥阀、安全阀，正常后方可投入运行。

46. 启用斜管（板）时，初始的上升流速应缓慢，防止斜管（板）漂起。

47. 脉冲澄清池宜连续运行。

48. 普通快滤池在冲洗滤池时，冲洗水阀门应逐渐开大，高位水箱不得放空。

52. 清水池水位的调度运行时，严禁超上限或下限水位运行。

53. 浓缩池上清液中的悬浮固体含量不应大于预定的目标值。当达不到预定目标值时，应适当增加投药量。

54. 加氯的所有设备、管道必须用防氯气腐蚀的材料。

55. 用氢氧化钠溶液中和的氢氧化钠溶液的浓度应保持在 12% 以上，并保证溶液不结晶结块。

56. 原水输水管线应设专人并佩戴标志定期进行全线巡视。

57. 二次增压站的运行情况需要站库调度进行巡视。

58. 水压合格率、平均水压值等管网压力数据是衡量和考核供水服务的重要指标，管网调度过程中必须进行统计分析。

63. 随着生产过程自动化控制水平的不断提高，部分城市由中心调度直接全面控制生产，即一级调度模式。

66. 平均水压值是测压点的水压绝对值，反映了城市水压达到的平均高度。

67. 在一定时期内，用来反映每天用水量变化幅度大小的参数称为日变化系数。

68. 在一日内，用来反映用水量逐时变化幅度大小的参数称为时变化系数。

70. 提高管网服务压力，对于一些供水半径较大的管网末梢，水压比较低，在这些低压区可以适当建设带水库的增压泵站。

71. 各城市根据供水系统的特点，确定管网服务压力，管网服务压力不能满足的地区，通过二次增压方式满足服务需求。

72. 测压点的设置，应根据生活用水和工业用水的比例设定，生活区应该适当增加测压点的个数。

73. 混凝剂宜自动投加，控制模式可根据各供水厂条件自行决定。

74. 生物预处理池运行时，填料流化应正常，填料堆积应无加剧；水流应稳定，出水应均匀，并应减少短流及水流阻塞等情况发生。

75. 自然预沉淀的调度运行时，正常水位控制应保持经济运行，运行水泵或机组记录运行起止时间。

78. 当初次运行隔板、折板絮凝池时，进水速度不宜过大。

81. 机械搅拌澄清池短时间停运期间搅拌叶轮应继续低速运行；恢复运行时应适当增加加药量。

82. 脉冲澄清池初始运行时，当出水浑浊度基本达标后，方可逐步减少加药量直到正常值。当出水浑浊度基本达标后，应适当提高冲放比至正常值。

84. 滤池应在过滤后设置质量控制点，滤后水浑浊度应小于设定目标值。滤池初用或冲洗后上水时，池中的水位不得低于排水槽，严禁暴露砂层。

86. 臭氧发生器气源系统的操作运行应按臭氧发生器操作手册所规定的程序进行，操作人员应定期观察供气的压力和露点是否正常。

89. 清水池水位的调度运行时，需要考虑取水泵房和送水泵房的流量。

91. 设有斜管、斜板的浓缩池，初始进水速度或上升流速应缓慢。浓缩池长期停用时，应将浓缩池放空。

94. 吸收系统采用探测、报警、吸收液泵、风机联动的应先启动吸收液泵再启动风机。

97. 有加氯设备的增压站，站库调度应按水厂加氯间要求巡视。

98. 二次增压站的运行情况需要站库调度进行巡视。

99. 管网调度巡视过程中需要了解影响供水的管网工程情况。

100. 巡视有加氯设施的增压站的加氯间，是站库调度巡视的内容之一。

101. 值班调度员发现供水管道故障，造成区域性水压下降时，应立即采取有关调度措施，并通知有关部门及人员。

104. 区域增压站出现减、停产突发事故时，站库调度进行处理，中心调度也需及时联系有关部门确认现场情况，制定调度方案配合相关部门处理供水事故，做好突发供水事故的应急处置。

105. 平均水压值是所有测压点一个周期内检测水压值的总和与检测总次数的商。

106. 水压合格率为水压合格次数与检测次数的商。

107. 水压值总和为平均水压值与总检测次数的积。

108. 最高日用水量为平均日用水量与日变化系数的积。

四、问答题

1. 原水调度的原则是按需供水、合理调配。
水厂调度的基本原则是产供平衡、降低成本。
管网调度的基本原则是均衡压力、减少跑、漏。
站库调度的基本原则是错峰调蓄、平衡压力。
中心调度的基本原则是供需平衡，经济运行。

2. 结构简图如下所示。

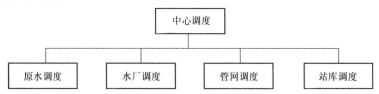

3. 流量仪，运行参数为水量，单位 m^3/h；
压力表，运行参数为压力，单位 kPa 或 MPa；
液位仪，运行参数为水位，单位 m；
浊度仪，运行参数为浊度，单位 NTU。

4. 在一日内，用来反映用水量逐时变化幅度大小的参数称为时变化系数。常用 K_h 表示，其意义可用下式表示：

$$K_h = \frac{Q_h}{\overline{Q_h}}$$

式中，Q_h 为最高时用水量（m^3），是一日内用水最多时段的用水量；$\overline{Q_h}$ 为平均时用水量（m^3），是一日内总用水量除以 24h 所得的数值。

5. （1）开源节流、挖潜改造、增加供水；
（2）合理管网布局，提高输、配水能力；
（3）建设中途增压站；
（4）加强对采集数据的分析。

6. （1）测压点应设置在能代表其监控面积压力的管径上，比如：供水主干管、区域干管、管道交叉口等。
（2）应在水厂主供水方向、管网用水集中区域、敏感区域以及管网末梢设置测压点。
（3）一个测压点监控面积应不超过 $5\sim10km^2$，一个供水区域设置测压点不应少于3个。

（4）测压点不应设置在太小的管道上，根据供水管网规模一般宜设置在 $DN300$、$DN500$ 及以上的管径上。

7.（1）选择测流点位时，尽可能选在主要干管节点附近的直管上，有时为了掌握某区域的供水情况，作为管网改造的依据，也在支管上设测流孔。一般情况在三通设两点四通设三点，这样就可以掌握各分支管段的情况。

（2）要求测点尽量靠近管网节点位置，但要距闸门、三通、弯头等管件有 30～50 倍直径的距离，以保证管内流态的稳定和测数的准确性。

（3）选点位置需便于测试人员操作，且不影响交通。

第 9 章　科学调度技术应用

一、单选题

1. A　2. C　3. A　4. B　5. D　6. B　7. D　8. C　9. D　10. B
11. A　12. B　13. B　14. B　15. C　16. D　17. C　18. C　19. A　20. C
21. A　22. B　23. B　24. C

【解析】

2. SCADA 系统中的通信可分为三个层次：

（1）信息与管理层通信。这是计算机之间的网络通信，实现计算机网络互联和扩展，获得远程访问服务。

（2）控制层的通信。即控制设备与计算机，或控制设备之间的通信。这些通信多采用标准的测控总线技术，根据控制设备的选型确定通信协议，也要求控制设备选型尽量统一，以便于维护管理。

（3）设备底层通信。即检测仪表、执行设备、现场显示仪表、人机界面等的通信。底层设备的数字化已逐步替代传统的电流或电压信号，设备数据接口由传统的 RS232、RS485 向信号传输速率更快、使用更方便灵活的 RJ45 转变。

4. 以一天 24h 作为一个周期，离线调度产生次日预案（0：00～24：00），通过在线调度跟踪离线预案，根据当前实际监测的数据预测下一段时间（t 时刻之后的 24h）管网运行可能将会发生的情况，并比较 t 时刻到当天 24h 的离线预案与在线预案，根据比较的结果提供一个费用较少且供水安全性高的预案给调度人员使用。

19. 长期预测是根据城市经济的发展及人口增长速度等多种因素对未来若干年后整个城市的用水需求作出预测，为城市的建设规划或管网系统中的主要管段的改扩建提供依据。

20. 短期预测是根据过去若干时段或若干天的用水量记录数据并考虑影响用水量的各种因素，预测未来一个时段、未来一天或几天的用水量，为给水系统的调度决策提供用水量数据。

二、多选题

1. ABCD　2. ABCDE　3. BD　4. ABCDE　5. ABCDE　6. BCDE
7. ACDE　8. AC　9. ABCDE　10. ABCE　11. BCD　12. ABCD
13. ABC　14. ABD　15. AB　16. ABCDE

【解析】

7. 调度层可实现监控系统的监视与调度决策。调度层往往由多台计算机联成局域网，一般分为监控站、维护站（工程师站）、决策站（调度站）、数据站（服务器）等。其中监控站向下连接多个控制站，调度层各站可以通过局域网透明地使用各控制站的数据和画面；维护站可以实时地修改各监控站及控制层的数据和程序；决策站可以实现监控站的整体优化和宏观决策（如调度指令、领导指示）等；数据站可以与信息层公用计算机或服务器，也可以设专业服务器。供水调度SCADA系统的调度层可与水厂过程控制系统的监控层合并建设。

8. 控制层负责调度与控制指令的实施。控制层向下与设备层连接，接收设备层提供的工业过程状态信息，向设备层发出执行指令。对于具有一定规模的SCADA系统，控制层往往设有多个控制站（又称控制器或下位机），控制站之间联成控制网络，可以实现数据交换。控制层是SCADA系统可靠性的主要保障，每个控制站应做到可以独立运行，至少可以保证生产过程不中断。城市供水调度SCADA系统的控制层一般由可编程控制器（PLC）或远程终端（RTU）组成，有些控制站又属于水厂过程控制系统的组成部分。

9. 控制设备为供水SCADA系统的下位机，是城市供水调度执行系统的组成部分。常用的控制设备有工控机（IPC）、远程终端（RTU）、可编程逻辑控制器（PLC）、单片机、智能设备等多种类型。PLC提供高质量的硬件、高水平的系统软件平台和易学易用的应用软件平台，能与现场设备方便连接，特别适用于逻辑控制、计时和计数等，适用于复杂计算和闭环条件控制，广泛应用于供水泵站控制等调度执行系统。

13. 由于城市供水管网本身的复杂性，使得建立能准确模拟城市供水管网水力特性和运行状态的管网模型成为一项复杂而艰巨的任务。建模过程中以下因素直接关系到模型的准确与否、是否能真实反映管网的实际运行状况。影响模型准确度的因素主要有：基础资料的完整和准确性、管网拓扑连接关系、管网参数的准确性。

16. 供水管网模型应具备以下功能：

(1) 对管网运行现状作出比较全面的评估；
(2) 用于供水管网的中长期规划，新系统的设计及现有系统的改建和扩建设计；
(3) 日常和特殊情况时运行调度方案模拟；
(4) 给水系统中突发事故，如爆管抢修、水质突然污染、停电等重大事件处理；
(5) 用户供水区域、供水路径及各种水力和水质参数（余氯、水龄等）分析；
(6) 确诊管网中异常情况（如错关的阀门、管段口径突变等），并提出解决方法；
(7) 新建水厂、水库、增压泵站选址。

三、判断题

1. ×　2. ×　3. √　4. ×　5. ×　6. √　7. √　8. ×　9. ×　10. ×
11. ×　12. √　13. ×　14. ×　15. √　16. ×　17. ×　18. √　19. ×　20. ×
21. √　22. ×

【解析】

1. 管网建模主要是通过数学模型动态模拟物理供水系统的运行状态。

2. 供水管网地理信息系统（GIS）主要管理组成供水系统的水泵、管道、阀门和水表等各类物理管件静态信息。管网建模主要是通过数学模型动态模拟物理供水系统的运行状态。

4. 城市供水调度 SCADA 系统设备层的设备安装于生产控制现场，直接与生产设备和操作工人相联系，感知生产状态与数据，并完成现场指示、显示与操作。

5. 在 SCADA 系统中，计算机主要用于调度主机和数据服务器，国内外许多厂家都推出了基于 Windows 的 SCADA 组态软件。

8. 移动算术平均法是时间序列法中的一种。

9. 供水管网地理信息系统（GIS）主要管理组成供水系统的水泵、管道、阀门和水表等各类物理管件静态信息。

10. 管道的管长、管径、管材、敷设年代等信息不准确或有错误会影响管网模型准确性。

11. 管网建模初期要求管网基础资料准确。

13. 供水调度 SCADA 系统的数据报警功能中，数据报警的判断可以由下位机判断，也可以由上位机判断。

14. 水量预测方法中，指数平滑法是时间序列法中的一种。

16. 科学调度系统的主要流程是系统根据实际监测数据，通过模拟计算、分析决策，最后给出各个水厂每台泵机的开停操作和运行转速，使得管网运行费用相对较少。

17. 管道的管长、管径、管材、敷设年代等信息不准确或有错误会影响管网模型准确性。

19. 科学调度决策过程中，在线调度是当前实际监测的数据预测下一段时间管网运行可能将会发生的情况，并比较当前时刻到本预测周期的离线预案与在线预案，根据比较的结果提供一个费用较少且供水安全性高的预案给调度人员使用。

20. 由于在线调度会以当前实际检测数据为基础，因此在线水量的预测一般会比离线水量的预测更接近管网的实际用水情况。

22. 供水管网模型可以为新建水厂、水库、增压泵站选址提供参考建议。

四、问答题

1. 实施供水系统科学调度技术应用，一般需要经过：
① 建立供水管网地理信息系统（GIS）；
② 供水数据采集和监控系统（SCADA）；
③ 管网建模；
④ 科学调度辅助决策系统等四个建设阶段。

2. （1）地图浏览，地图的拖动、放大、缩小等操作，根据需要浏览地图的各个区域。
（2）选择图层，选择需要浏览的图层。显示或关闭地貌、道路、管件等相应图层。
（3）测量，进行直线距离测量和面积测量。

(4)属性查询，查询管件属性、坐标等信息。

(5)图面标注，在地图上添加标注信息。

(6)截屏，截取屏幕内容，点击打印或下载，输出成图纸。

(7)设备管理，开启设备管理菜单，对设备属性进行编辑。

(8)事故处理，通过事故处理窗口，选择爆管点，等待系统自动分析需要关闭的阀门。

(9)管线分析，绘制断面高程分析线。

写出5个即可

3.(1)设备层；

(2)控制层；

(3)调度层；

(4)信息层。

4.(1)计算机（Computer）技术；

(2)通信（Communication）技术；

(3)控制（Control）技术；

(4)传感（Sensor）技术。

5.供水调度SCADA系统中的通信可分为三个层次：

(1)信息与管理层通信。这是计算机之间的网络通信，实现计算机网络互联和扩展，获得远程访问服务。

(2)控制层的通信。即控制设备与计算机，或控制设备之间的通信。这些通信多采用标准的测控总线技术，根据控制设备的选型确定通信协议，也要求控制设备选型尽量统一，以便于维护管理。

(3)设备底层通信。即检测仪表、执行设备、现场显示仪表、人机界面等的通信。底层设备的数字化已逐步替代传统的电流或电压信号，设备数据接口由传统的RS232、RS485向信号传输速率更快、使用更方便灵活的RJ45转变。

6.(1)报表的生成与审核

可以实现报表的自动生成，对于未实现数据远传的数据则采用人工抄写录入，以确保数据的完整性。仪表故障、通信故障也会造成数据的缺失，因此需要具备数据编辑功能，一般会保留原始数据用于比对。人工审核后生成正式的报表，在查询平台上发布共享。

(2)历史数据查询

历史数据的查询主要在调度管理系统中进行。查询方式有曲线、饼图、带状图、表格等。

(3)数据对比分析

完善的管理系统除了具备单一数据的查询，还可以自定义公式，进行数据间的计算，实现数据的对比分析。

(4)其他功能

其他包括用户访问权限设置，分站参数配置等管理功能。

7.(1)对管网运行现状做出比较全面的评估；

(2)用于供水管网的中长期规划，新系统的设计及现有系统的改建和扩建设计；

(3) 日常和特殊情况时运行调度方案模拟；
(4) 给水系统中突发事故，如爆管抢修、水质突然污染、停电等重大事件处理；
(5) 用户供水区域、供水路径及各种水力和水质参数（余氯、水龄等）分析；
(6) 确诊管网中异常情况（如错关的阀门、管段口径突变等），并提出解决方法；
(7) 新建水厂、水库、增压泵站选址。

8. 管网模型的校正方法分为：手工校验和自动校验。

手工校验是对管网拓扑关系、管径、管长、阀门开启度、水泵特性曲线等相对确定因素的核查，以确保管网基础数据的准确性，同时宏观校验还应包括对仪表准确性、实测数据的可信度的核查。对于手工校验检查发现的错误，可以通过现场勘测、经验分析等手段更正错误。

自动校验指在手工校验的基础上，对管网中管段粗糙系数、节点流量等参数进行细微调整，减少模型模拟值与实际运行值之间的误差，使管网模型与实际管网的运行状况达到最大程度的吻合。

9. 水量预测主要采用三种方法：回归分析法、时间序列法和智能方法（神经网络法）。

(1) 回归分析法需要考虑预测的水量与各种外在因素有关，如温度、天气情况、节假日以及前一天的用水量等，各个因素的影响都可以用系数来表示，回归分析考虑因素多，需要大量翔实的历史数据才能得出符合实际的结果。

(2) 时间序列法的基本原理是将系统看作一个"暗箱"，可不考虑其他影响因素，假设预测对象的变化仅与时间有关，根据惯性原理来进行用水量预测的，认为事物的发展变化具有内在延续性。其含义为，当前时刻之前的历史用水量序列中已经包含了外部影响因素与作用的信息，对该序列进行趋势外延就可以推测出其未来状态。

(3) 神经网络法是综合考虑各种因素，通过大量的数据分析各因素之间本身存在的关系，往往可以处理传统方法难以解决的问题。

第 10 章 安 全 生 产

一、单选题

1. B   2. D   3. B   4. A   5. A   6. C   7. C   8. D   9. D   10. D
11. A   12. A   13. D   14. A   15. D   16. B   17. C   18. C   19. A   20. C
21. D   22. A   23. A   24. B   25. D   26. A   27. C   28. C   29. D   30. C
31. C   32. B   33. B

二、多选题

1. BCDE   2. ABCD   3. BCDE   4. ABC   5. ABCE   6. ABDE
7. BCD

三、判断题

1. ×   2. √   3. ×   4. √   5. ×   6. ×   7. ×   8. √   9. ×   10. ×
11. √   12. ×   13. ×   14. √   15. √   16. ×   17. √   18. √   19. ×

【解析】

1. 我国安全生产工作的基本方针是"安全第一、预防为主、综合治理"。

3. 危险化学品储存入危险化学品专用仓库，并需核查登记。

5. 在室内配电装置上，接地线应装在该装置导电部分的规定地点，这些地点的油漆应刮去，并划下黑色记号。

6. 为满足连续安全供水的要求，供水厂对关键设备应有一定的备用量，设备易损件应有足够量的备品备件。

7. 供水设备维护检修，应建立日常保养、定期维护、大修理三级维护检修制度。

9. 胸外按压心脏的人工循环阀要求对触电者的心脏反复地进行按压和放松，每分钟约 60 次。

10. 标示牌用木质或绝缘材料制作，不得用金属板制作。

12. 待用氯瓶的堆放不得超过两层。投入使用的卧置氯瓶，其两个主阀间的连线应垂直于地面。

13. 在突发油污染事件中使用的吸油棉和隔油栏应妥善处置，不可以同生活垃圾一起丢弃。

16. 工作人员进入生产现场禁止穿拖鞋、凉鞋，女工作人员不可以穿裙子、穿高跟鞋。

19. 高压断路器、高压隔离开关、负荷开关检查清扫每年至少一次。

四、问答题

1. (1) 编制目的；
(2) 适用范围；
(3) 信息来源；
(4) 处置程序。

2. (1) 检查浊度仪是否故障，如故障应及时检修。
(2) 检查加矾系统是否正常，加矾管道有无堵塞、泄漏现象，如有问题及时处理。
(3) 观察反应区水质情况，观察其混凝效果，如发现比较浑浊，矾花颗粒较小，则加矾量偏小，需增加投矾量。
(4) 观察出口水水质情况，如较浑浊，则是投矾量小，如果发现跑大矾花，则投矾量偏大，需适当调节。
(5) 适当延长排泥机运行时间或排泥阀排泥时长。
(6) 对于已经超标进入滤池后的水，要在滤池上做好相应的调整措施，最大限度减少超标沉淀水对出厂水质的影响。

3. (1) 中心调度值班员发现供水管道故障，造成区域性水压下降时，应立即通知相关水厂、站库管理部门和对外服务部门，并汇报中心调度负责人和公司值班领导，阀门关闭前，控制好水厂、增压站水池水位。
(2) 中心调度负责人根据爆管影响程度通知管线管理部门，并按突发事件汇报程序向公司领导汇报。
(3) 待管线管理部门确定爆管位置、阀门关闭后，中心调度值班人员应立即采取相应调度应急措施，降低对供水的影响。
(4) 停水抢修影响水厂、增压站供水能力时，采取水厂、增压站减产调度应急措施。停水抢修影响增压站进水压力时，启用增压站水库降低影响。

4. (1) 工作接地；
(2) 保护接地；
(3) 防雷接地；
(4) 防静电接地；
(5) 屏蔽接地。

5. (1) 停电；
(2) 验电；
(3) 装设接地线；
(4) 悬挂标示牌和装设遮栏。

上述措施由值班员执行。对于无经常值班人员的电气设备，由断开电源人执行，并应有监护人在场。

供水调度工（五级　初级工）

理论知识试卷参考答案

一、单选题（共80题，每题1分）

1. A	2. A	3. A	4. A	5. B	6. A	7. D	8. D	9. A	10. C
11. C	12. D	13. D	14. B	15. D	16. A	17. A	18. B	19. B	20. C
21. B	22. B	23. D	24. C	25. D	26. C	27. A	28. C	29. D	30. D
31. D	32. D	33. A	34. B	35. D	36. D	37. C	38. D	39. A	40. D
41. B	42. A	43. B	44. B	45. C	46. D	47. D	48. C	49. A	50. D
51. A	52. D	53. C	54. C	55. A	56. C	57. C	58. C	59. D	60. D
61. B	62. B	63. D	64. B	65. B	66. B	67. D	68. B	69. D	70. D
71. A	72. B	73. B	74. D	75. C	76. D	77. D	78. B	79. B	80. B

二、判断题（共20题，每题1分）

1. √	2. √	3. ×	4. √	5. √	6. √	7. √	8. √	9. ×	10. √
11. √	12. √	13. ×	14. √	15. √	16. ×	17. √	18. ×	19. √	20. √

供水调度工（四级　中级工）

理论知识试卷参考答案

一、单选题（共80题，每题1分）

1. C	2. B	3. C	4. A	5. B	6. A	7. B	8. D	9. A	10. A
11. C	12. A	13. B	14. A	15. D	16. D	17. C	18. C	19. C	20. D
21. A	22. D	23. C	24. A	25. D	26. A	27. D	28. A	29. D	30. A
31. A	32. C	33. D	34. D	35. B	36. A	37. D	38. C	39. A	40. B
41. A	42. C	43. D	44. A	45. C	46. D	47. B	48. B	49. C	50. D
51. B	52. C	53. B	54. B	55. B	56. D	57. A	58. D	59. C	60. B
61. C	62. B	63. C	64. C	65. B	66. B	67. A	68. C	69. B	70. C
71. B	72. A	73. A	74. C	75. A	76. B	77. B	78. C	79. A	80. C

二、判断题（共20题，每题1分）

1. √	2. √	3. √	4. √	5. ×	6. ×	7. √	8. √	9. ×	10. ×
11. ×	12. √	13. ×	14. √	15. √	16. ×	17. ×	18. √	19. ×	20. ×

供水调度工（三级 高级工）

理论知识试卷参考答案

一、单选题（共60题，每题1分）

1. B 2. B 3. D 4. D 5. A 6. D 7. C 8. D 9. A 10. B
11. B 12. A 13. C 14. D 15. A 16. D 17. A 18. C 19. D 20. B
21. D 22. D 23. D 24. D 25. B 26. B 27. B 28. A 29. A 30. A
31. B 32. A 33. B 34. D 35. C 36. A 37. A 38. A 39. D 40. B
41. B 42. D 43. B 44. A 45. C 46. C 47. A 48. A 49. A 50. D
51. A 52. A 53. B 54. A 55. B 56. B 57. C 58. B 59. C 60. A

二、判断题（共20题，每题1分）

1. × 2. × 3. × 4. √ 5. × 6. × 7. √ 8. √ 9. × 10. ×
11. × 12. √ 13. √ 14. √ 15. × 16. × 17. √ 18. × 19. × 20. ×

三、多选题（共10题，每题2分。每题的备选项中有两个或两个以上符合题意。错选或多选不得分，漏选得1分）

1. ABCE 2. ACE 3. ABCE 4. ACD 5. ADE 6. ABDE
7. ACD 8. BCDE 9. ABCDE 10. BCDE